科普热点

海洋奥秘
——高科技与海洋

黄明哲 主编

中国科学技术出版社
·北京·

图书在版编目(CIP)数据

海洋奥秘：高科技与海洋/黄明哲主编.—北京：中国科学技术出版社，2013

（科普热点）

ISBN 978-7-5046-5763-3

Ⅰ.①海... Ⅱ.①黄... Ⅲ.①高技术-应用-海洋开发-普及读物 Ⅳ.①P74-49

中国版本图书馆CIP数据核字（2011）第005543号

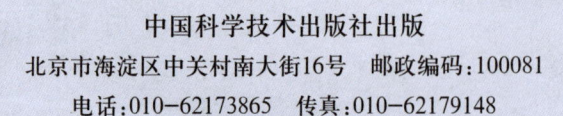

中国科学技术出版社出版
北京市海淀区中关村南大街16号　邮政编码：100081
电话：010-62173865　传真：010-62179148
http://www.kjpbooks.com.cn
科学普及出版社发行部发行
北京盛通印刷股份有限公司印刷

*

开本：700毫米×1000毫米 1/16　印张：10　字数：200千字
2013年1月第2版　2013年1月第2次印刷
ISBN 978-7-5046-5763-3/P·143
印数：5 001—15 000册　定价：29.90元

（凡购买本社的图书，如有缺页、倒页、脱页者，本社发行部负责调换）

前言

科学是理想的灯塔！

她是好奇的孩子，飞上了月亮，又飞向火星；观测了银河，还要观测宇宙的边际。

她是智慧的母亲，挺身抗击灾害，究极天地自然，检测地震海啸，防患于未然。

她是伟大的造梦师，在大银幕上排山倒海、星际大战，让古老的魔杖幻化耀眼的光芒……

科学助推心智的成长！

电脑延伸大脑，网络提升生活，人类正走向虚拟生存。

进化路漫漫，基因中微小的差异，化作生命形态的千差万别，我们都是幸运儿。

穿越时空，科学使木乃伊说出了千年前的故事，寻找恐龙的后裔，复原珍贵的文物，重现失落的文明。

科学与人文联手，人类变得更加睿智，与自然和谐，走向可持续发展……

《科普热点》丛书全面展示宇宙、航天、网络、影视、基因、考古等最新科技进展，邀您驶入实现理想的快车道，畅享心智成长的科学之旅！

作 者

2011年3月

《科普热点》丛书编委会

主　　编　黄明哲

编　　委　黄明哲　王　俊　陈　均　张晓磊　杭　政　黄　政
　　　　　黄诗媛　赵　鑫　高　明　于保政　王云立　刘晓阳
　　　　　邵显斌　张继清　王　飞　吕献海　韩宝燕　罗　曼
　　　　　吴　浩　刘宝村　吴　倩　周智高　桑瑞星　李智勇
　　　　　廉　思　任旭刚　姜　鹏　农华西　孙文恺　薛东阳
　　　　　杨笑天　李　博　邱　鹏　陈　科　王文刚　曹　雷
　　　　　郝　丽　邢　敏　唐德海　黄　骏　郑　东　刘春梅
　　　　　阚　群　茆恩浩　张安民　郑吉伟　张　宏　朱启全
　　　　　杜　清　郭亚娟　张彦军　王宇歆　童春雪　冯新民
　　　　　刘红霞　张晶晶　周　周　黄　超　和　德　何　浩
　　　　　于建东　刘思佳　侯　磊　吕晓宇　吕　茜　吕　静
　　　　　徐娜娜　陈　萍　陈燕艳　胡　晔　蒋晓雨　廖　茜
　　　　　米　迪　宋　词　周振邦　尚修国　朱虹菲　顾佳丽
　　　　　赵晨峰　李宏毅　靳　毓　朱　淼　毛彦斌　马　宁
　　　　　徐　华　徐　飞　徐　凯　林　坚

策划编辑　肖　叶
责任编辑　肖　叶　梁军霞
封面设计　阳　光
责任校对　王勤杰
责任印制　安利平
法律顾问　宋润君

目 录

第一篇　人类重返海洋 …………………………… 1
重返海洋，世纪之梦 …………………………… 2
海洋"新大陆" …………………………… 6
海洋遥感：巡天遥看四大洋 …………………………… 10
GPS：不动摇的海上明灯 …………………………… 14
深海的诱惑 …………………………… 18
水下飞机与海底机器人 …………………………… 22
"看"穿海底的声呐 …………………………… 26
隐身潜艇与反声呐技术 …………………………… 30
神秘的鲨眼和神奇的电鱼 …………………………… 34
海洋监测的五种兵器 …………………………… 38
海洋浮标，监控哨所 …………………………… 42

第二篇　海洋物质资源 …………………………… 47
暗黑中的光芒 …………………………… 48
锰结核——"21世纪的矿物" …………………………… 52
海底喷泉，热液矿藏 …………………………… 56
化石燃料，水中取火 …………………………… 60
无穷尽的海中矿产 …………………………… 64
食盐的王国 …………………………… 68
海洋能解决人类淡水危机吗？ …………………………… 72
海流发电，潜力无穷 …………………………… 76

海洋"呼吸"的神力…………………………………80
海洋温差也能发电…………………………………84

第三篇　海洋生物资源…………………………**87**
海洋药物宝库………………………………………88
海洋药物学的兴起…………………………………92
岩沙海葵，以毒攻毒………………………………96
"L.S."：血管清道夫………………………………100
鲎试剂的妙用………………………………………104
海中抗癌勇士………………………………………108
用途广泛的海藻植物………………………………112
什么是深海生物基因资源…………………………116
吃石油的海洋细菌…………………………………120
"蓝色农业"畅想曲…………………………………124
在蓝色的田野上……………………………………128
海洋牧场，集鱼有方………………………………132
海洋资源的可持续利用……………………………136

第四篇　海洋空间资源…………………………**139**
海底隧道与海底居住室……………………………140
围海造陆与港口建设………………………………144
"海市蜃楼"梦想成真………………………………148
海上机场与海上工厂………………………………152

第一篇
人类重返海洋

重返海洋，世纪之梦

海洋奥秘——高科技与海洋

在科学技术日新月异的21世纪，资源枯竭、环境恶化、人口膨胀、粮食不足等复杂而紧迫的问题正困扰着我们，它使人类在占地球29%的狭窄陆地上难以大展宏图。为了彻底解决这些世界性难题，在新的世纪里，人类已将发展的目光坚定地投向了浩瀚的海洋。科学家预言，21世纪将是一个海洋的世纪。在未来的100年里，世界沿海国家将会致力于对海洋的全面开发和利用，创造一个辉煌的"海洋世纪"。

海洋是生命的摇篮

海洋是生命的摇篮，它为生命的诞生与繁衍提供了必要的条件；海洋是风雨的故乡，它在调节和控制全球气候方面起着举足轻重的作用；海洋是资源的宝库，它给人类提供了极为丰富的食物和巨大储量的多种资源；海洋是交通的要道，它为人类隔海交流提供了最为经济便捷的运输途径；海洋是现代高科技研究的基地，是人类探索自然奥秘、发展高科技产业的重要领域。以上的种种优势，使得海洋成为了人类追求生存的第二空间。

开发海洋资源离不开科技的进步，特别是离不

第一篇 人类重返海洋

开高新科技。一方面，要把以微电子技术和计算机技术为主体的信息技术，以基因工程为主体的现代生物技术，以热核反应为主体的新能源技术以及航天技术、新材料技术、激光技术等，广泛地应用于海洋开发之中。另一方面，通过对海洋的研究、开发和利用，形成系统的海洋技术。

海洋技术也属于高技术领域。它的"高"是由海水的特点决定的。由于海水的存在，使人类在开发利用海洋时，遇到了一系列的难题。

比如，进入海底必须克服海水屏障，而水深每增加10米，相当于增加9.8×10^4帕（1个大气压）的压力。因此深海仪器设备首先必须能承受巨大的水压力。

▶ 深海仪器设备必须能承受巨大的水压力

中东地区淡水资源奇缺，数十年前人们就把海水淡化作为获取淡水资源的有效途径。美国正在积极建造海水淡化厂。目前，全世界共有近8000座海水淡化厂，每天生产的淡水超过60亿立方米。近来，俄罗斯海洋学家探测发现，世界各大洋底部也拥有十分丰富的淡水资源，蕴藏量约占海水总量的20%。这也让人类看到了解决淡水危机的新希望。

海洋奥秘——高科技与海洋

世界范围内，海洋能正显现出作为一种电、水和燃料（氢）的补充能源的优势。多数人认为能达到应用水平的发电设备，如波能发电（WEC）、潮流能发电（TISECS）、海洋热能发电（OTEC）和海岸风发电等，要到2010年以后才能向电网供电。海上风能则被认为是一种海洋可再生能源，它与其他形式的海洋能（如潮汐、波浪等）相结合，组成多能互补的发电系统。

水下通讯也十分复杂。电磁波容易透过大气，是很理想的观测手段，但它却很难通过海水，如30千赫的电磁波仅能通过1米左右的水层。因此电磁波不能用于海洋中目标物的探测，也不能用于两地之间的通讯。声波是一种机械波，在海水中较易传播，其传播速度是空气中的4~5倍，传播距离是空气中的10~15倍，因此声波是海洋中的主要探测手段和通讯工具。但声波的传播速度和传播距离受海水的温度、压力、盐度及悬浮颗粒的影响，直接影响对目标物的探测精度和声通讯的质量，特别是数据、图形和图像的声通讯方面还有许多难题。

另外，海流、波浪、潮汐和风暴时刻作用在海洋工程设施和海洋仪器设备上，巨大的摧毁力时刻危及这些设施和设备的安全，巨轮沉没、仪器丢失、人员丧生是经常发生的事情。其次，海水对金属的腐蚀性、海洋生物的存在及对海上结构物的附着，将严重污损结构物，这些都是海洋仪器设备研制者备感头痛的事情。

但是，海水中含有的各种金属、贵金属和稀有金属，就总含量而言，是极为丰富的。如海水中金的含量是陆上储量的156倍，铀的含量是陆上储量的2000倍。但这些元素都属于海水中的微量元素，海水中所有微量元素的总和其浓度还不到5毫克/升，要想从如

第一篇　人类重返海洋

此低浓度的海水中提取金属元素,又谈何容易!一系列技术难题依然摆在人们面前,亟待解决。

目前,陆上的淡水资源日趋紧张,但十分丰富的海水却不能直接利用,至今仍没有一种既经济又高效的海水淡化方法。

虽然海洋技术面临着这么多的难题,但我们依然相信,在科技日新月异的今天,海洋技术会是我们重返海洋世纪的重要工具!

▼ 中东地区将海水淡化作为获取淡水的有效途径

海洋"新大陆"

海洋奥秘——高科技与海洋

欧洲"尤里卡"海洋计划的标志

当年哥伦布发现新大陆惊动了整个世界，也满足了人类不断开拓的愿望。而一直静静守候着大陆的海洋，正以一种神秘的姿态吸引着人类。海洋的神秘触发了人类的好奇和开拓心理，于是一个又一个向海洋进军的计划诞生了。

"尤里卡"计划的孪生兄弟——"欧几里得"计划

"欧几里得"计划也称"欧洲长期防务合作倡议"，它是由法国领导的第二小组委员会提出的。如果说"尤里卡"计划的终极目标是民用，那么"欧几里得"计划的终极目标则是军用，它的提出主要是为了应对军事强国的威胁，因此也有人称之为"军事尤里卡"计划。

"尤里卡"（"有办法了"）

"尤里卡"在希腊语中是"有办法了"的意思，正如它的意思一样，它使人类向海洋进军有办法了。这个计划最初是由法国倡议发起的，后来西欧各国纷纷响应，它是一个旨在组织协调民用高技术战略计划，其最终目的是科技民用化，包括信息、海洋等多方面的内容，它有着"实际、灵活、政府参与但不干预"的特点。

"尤里卡"海洋计划主旨明确，既推进海洋技术发展，更好地保护海洋环境和管理海洋生态，同时以技术设备为纽带加强企业界和科技界的联系，最终提高欧洲海洋工业的生产能力和在世界

第一篇　人类重返海洋

市场上的竞争能力。这一计划着眼长远，要求参与的项目必须是跨国性的技术项目。

　　1983年，美国的里根总统提出了"星球大战"计划，这使得欧洲各国都绷紧了弦，"尤里卡"海洋计划也"顺势"进行了第一期的实施行动，解决了海-气间的二氧化碳交换等众多问题。而直到1991年，"尤里卡"海洋计划第二期才继续进行，这一次研究的项目扩大到海岸区的科学工程等更广的领域。

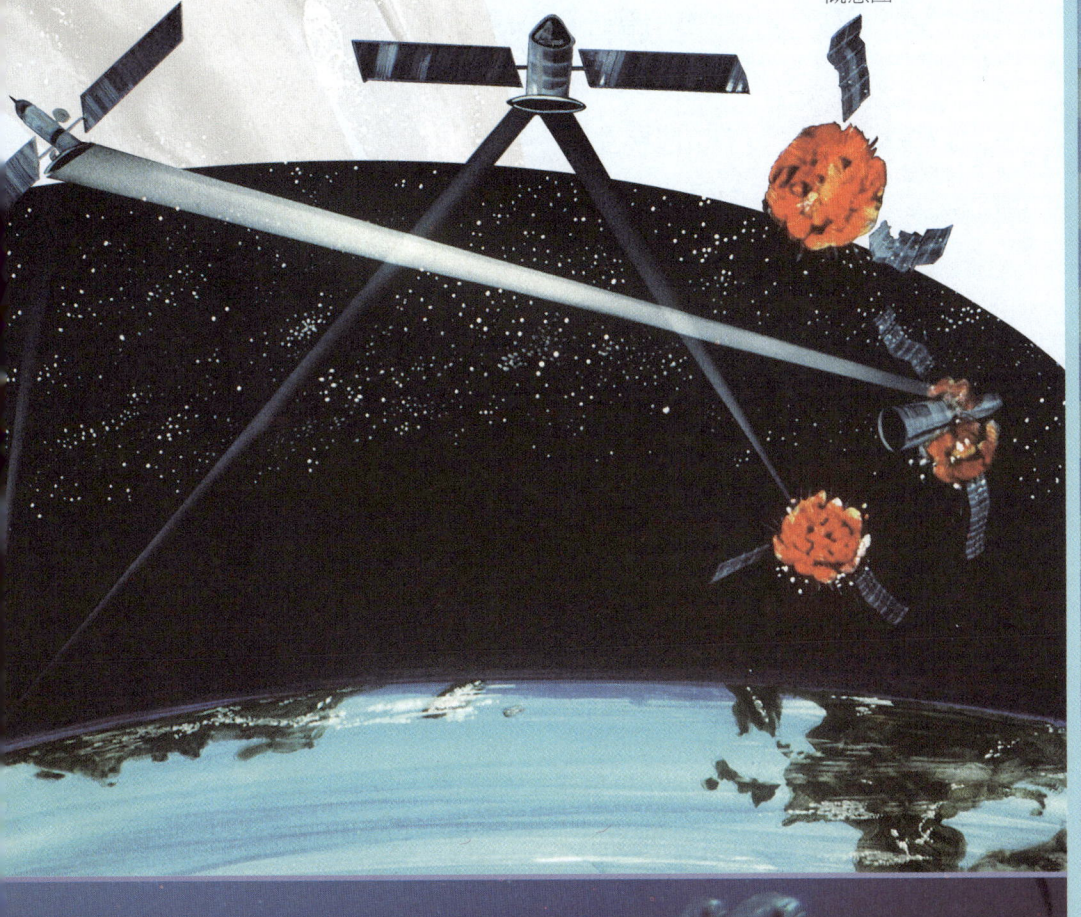

▼ 美国"星球大战"的概念图

海洋"新大陆"

"星球大战"计划是场骗局？

"星球大战"计划是一项国防高技术和国防经济发展战略，又称战略防御计划，主要目的在于利用高技术抵御核武器，建立强大的防御系统。它是在20世纪80年代初美、苏两极争霸的背景下提出的，但后来却被指出是场骗局，是美国为了拖垮苏联而采取的一种宣传手段而已，但美国方面解释说是因为技术存在缺陷而非纯粹的骗局。

可以说，"尤里卡"海洋计划的提出为欧洲各国向海洋进军做了方向上的引导，真的使其海洋研究"有办法了"。

开创一个海洋时代

美国在海洋技术方面，一直保持在海洋探测、水下声通讯和深海矿产资源勘探、开发领域的领先优势。第二次世界大战以后，美国就提出了一系列海洋开发和管理计划，在未来的10年里，美国的海洋研究重点将集中在对海洋的检测、对基本海洋生态的管理和海洋观测能力的提升三方面。

而身为岛国的日本，对海洋有着极大的依赖性，向海洋进军的步伐却开始得比较晚，主要集中于21世纪初期，重点是深潜器计划。日本的制造业发达，1989年制造的"深潜-6500"，已经可以潜到6500米下的深海，并可乘坐3名船员。

我国在向海洋进军的路程中，主要把焦点放在了海洋技术的更新与应用上，科学家们希望在海洋环境自动监测技术、水声遥测技术和卫星遥感海洋应用技术方面尽快达到国际先进水平。我国确立的海洋技术目标是：研究和开发海洋环境监测高技术，为维持海洋权益、发展海洋经济、保护海洋环境、预警海洋灾难和加强国防建设提供高技术支撑，提高海洋及沿海经济和社会可持续发展的环境保障能力。1985年，我国正式设立海洋卫星的工作计划，到了2002年，发射了第一颗海洋卫星。实际上20世纪90年代初期，我国海洋事业进入快速发展阶段，但总体上与发达国家相比还有很大的差距。

虽然世界各国向海洋进军的侧重点和发展阶段都不一样，但是世界各国都在用百倍的信心和努力向蓝色的海洋进军，用现代化的高科技创造一个光彩夺目的"海洋时代"。

▼ 从太空看岛国日本

海洋遥感：巡天遥看四大洋

海洋奥秘——高科技与海洋

海洋遥感卫星

人类从空中认识海洋，经历了从航空飞机到卫星，再到航天飞机观测几个阶段。最初，由于航空飞机飞行高度的限制，不可能观测到整个海洋。后来，随着海洋遥感技术的诞生和海洋遥感卫星的升空，人类才真正做到了"巡天遥看四大洋"。

1978年6月25日，美国发射了世界上第一颗海洋遥感卫星（SEASAT-A）。其总重量为2290千克，在离地800千米的高空运行，每昼夜绕地球旋转14周，每36小时将全球95%的海洋监测一遍。海洋遥感卫星的成功发射，开创了人类观测海洋的新时代。

神奇的海洋遥感技术就像千里眼一样，能从远距离、高空以至太空平台上，利用电磁波探测器，对大范围海域进行监测和信息的收集，通过信息感应、传输和处理，认识海洋的性质和状态。

在20世纪的最后20年里，海洋遥感技术对海洋资源管理和环境监测领域的影响日益增强。空间遥感和信息技术，使得人们可以连续不断地获取某个海域的情况，数据积累得越多，分析也就越准确。海洋遥感能够实施大范围海面瞬间信息监测，连续数年甚至几十年收集

第一篇 人类重返海洋

全球海洋数据采集、海面粗糙度等海洋要素,人类终于可以随时了解海洋的动态了。

　　海洋遥感技术是从军事应用起步的,后来逐渐扩展到海洋灾害防治,海洋环境研究、监测与保护,海洋资源的探测、开发等广阔的领域,为研究、开发、利用和保护海洋提供了宝贵而丰富的资料。海洋学、海洋经济随之也大大发展了。

▼ 海洋遥感卫星装备了非常先进的遥感器

海洋遥感：巡天遥看四大洋

海洋奥秘——高科技与海洋

海洋遥感开始于第二次世界大战期间。河口海岸制图和近海水深测量利用了航空遥感技术，这也是其最早的发展。1950年美国使用飞机与多艘海洋调查船协同进行了一次系统的大规模湾流考察，这也是第一次在物理海洋学研究中利用航空遥感技术。之后，航空遥感技术更多地应用于海洋环境监测、近海海洋调查、海岸带制图与资源勘测方面。

国际上海洋遥感技术经历了两个阶段：第一阶段是气象卫星/陆地卫星的海洋应用阶段；第二阶段是海洋卫星应用阶段。美国于1978年发射的海洋卫星SEASAT-A开创了海洋遥感技术的第二阶段。目前，我国海洋遥感技术仍处于第一阶段。

海洋遥感卫星是海洋遥感技术的"主角"。海洋遥感卫星是专门用于观测海洋，为海洋研究、海洋环境调查、海洋资源开发利用而设计发射的一种人造地球卫星。它是在气象卫星和陆地资源卫星的基础上发展起来的，属于高档次的地球观测卫星，是地球观测卫星系列中的一个重要成员。

那么，海洋遥感卫星依靠什么来观测海洋呢？原来，海洋遥感卫星上都装备了一种非常先进的探测设备——遥感器。它不仅视野开阔，看得遥远，而且能看到许多肉眼看不到的东西，使海洋遥感卫星成为名副其实的"千里眼"。

目前，海洋遥感卫星上所使用的遥感器，大都是微波遥感器，它无论是白天黑夜、晴天阴天、雾天雨天，都能对海洋进行"全天候"的探测和识别。

海洋遥感卫星获取的信息量极大，它一天所得的海洋信息，相当于2万份船舶观测的资料。难怪有"千里眼"之称的海洋遥感卫星，在对海洋的现代化立体监测系统中具有举足轻重的地位。

第一篇　人类重返海洋

▶ 海洋遥感卫星拍摄的热带风暴

HAIYANG AOMI — GAOKEJI YU HAIYANG

海洋奥秘——高科技与海洋

GPS:不动摇的海上明灯

全球定位系统技术不断发展

随着人类对地球科学研究的不断发展,对海洋的研究也越来越深入,大面积的海图测绘、深海水下地形测量、近岸浅海地区海底滩涂测绘、港口工程施工、航道测量等工程项目也越来越多,传统的测量方法如罗盘和六分仪定位等已远远不能满足要求,它们精度太差、效率太低,只能满足粗略绘制海图的要求。随着GPS技术的不断发展,海洋测量已越来越向现代化、高效率、高精度发展。

全球四大GPS系统

美国GPS、欧盟"伽利略"卫星定位系统、俄罗斯"格洛纳斯"和中国北斗卫星导航系统。

GPS是英文Global Positioning System(全球定位系统)的简称。它是由美国陆海空三军在20世纪70年代联合研制的新一代空间卫星导航定位系统。经过二十余年的研究实验,耗资300亿美元,到1994年3月,全球覆盖率高达98%的、由24颗GPS卫星组成的GPS卫星星座已经布设完成。今天,汽车、手机都能使用GPS,它已经普及到人们的日常生活当中。

14

第一篇　人类重返海洋

GPS在海洋领域应用广泛，远洋船最佳航程航线测定、船只实时调度与导航、海洋救援、海洋探宝、水文地质测量以及海洋平台定位、海平面升降监测，这些都离不开GPS。

20世纪90年代以来，我国海洋资源调查发展很快，使用了许多先进的技术，如多波束地形地貌全覆盖精密探测技术、多道数字地震勘探和海洋工程

▼ GPS技术可以进行海洋石油钻井平台的定位

GPS:不动摇的海上明灯

由交通部海事局建立的中国沿海无线电指向标差分GPS定位系统(RBN/DGPS)由20个基准台站组成，已经全面投入使用。这个系统的有效作用距离是300千米，基本覆盖了我国海道测量活动的区域；定位精度优于5米，可以较好满足大比例尺沿岸海道测量对导航、定位的精度要求。

勘探技术等。这些先进的技术手段都离不开导航定位技术，近年来，高精度差分GPS导航定位技术有了很大发展，在海洋资源调查中得到广泛的应用。

海洋测绘主要包括海上定位、海洋大地测量和水下地形测量。海上定位是其中最基本的工作。采用GPS接收机与船上的导航设备组合起来进行定位，可以进行高精度的海上定位。例如，在GPS伪距法定位的同时，用船上的计程仪（或多普勒声呐）、陀螺仪的观测值联合推求可以知道船的精确位置。

差分GPS技术还可用于海洋物探定位和海洋石油钻井平台的定位。进行海洋物探定位时，需要在岸上设置一个基准站，在前后两条地震船上都安装差分GPS接收机。前面的地震船利用差分GPS导航和定位，在航线上按一定距离或一定时间向海底岩层发生地震波，紧随其后的地震船接收地震反射波，同时记录GPS定位结果。这些参数送入计算机，分析地震波在地层内的传播特性，研究地层的结构，寻找出油田的位置。然后，根据地质构造的特点，在构造图上设计钻孔位置。利用差分GPS技术按预先设计的孔位建立安装钻井平台。这就需要在钻井平台上和海岸

第一篇 人类重返海洋

基准站上设置GPS系统。在钻井平台的四周都安装GPS天线,由四个天线接收的信息进入同一个接收机,同时将基准站观测的数据也同步传送到钻井平台的接收机上。通过平台上的计算机同时处理五组数据,可以精确计算出平台的平移、倾斜和旋转,实时检测平台的安全性和可靠性。

▼ 欧盟"伽利略"卫星定位系统

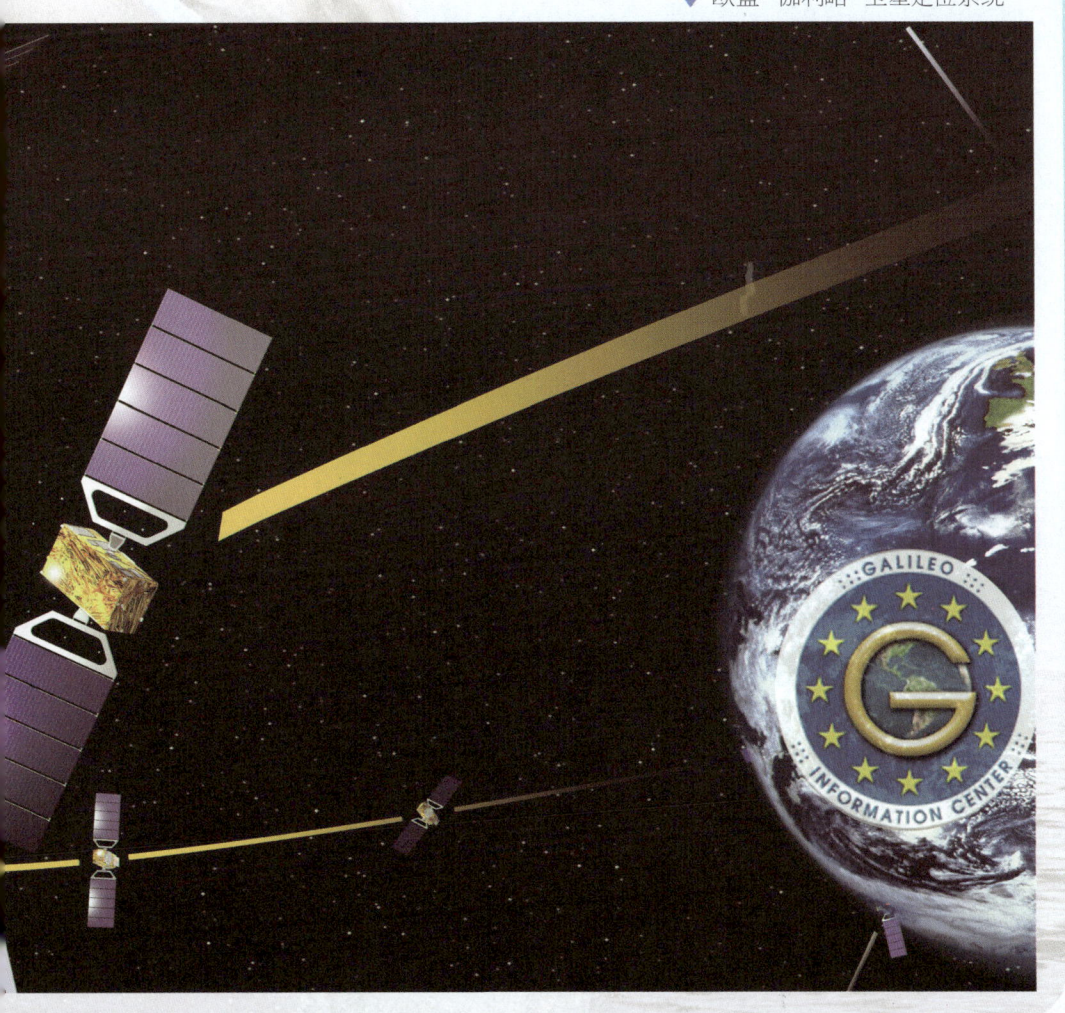

深海的诱惑

从盘古开天辟地时起,蓝色的茫茫大海便对人类充满了诱惑。深海底下到底是怎样一个世界?大海中有什么宝藏?神秘莫测、美丽富饶的大海如同巨大的磁场吸引着人们不断去探索。

海洋奥秘——高科技与海洋

1960年,皮卡尔和美国海军上尉唐·沃什乘"的里雅斯特"号,首次成功下潜到海洋最深处——马里亚纳海沟,深度为10916米。在那里,他们意外地发现了一种长30厘米、宽15厘米的比目鱼,从而证实在万米以下的深海底,同样生长着脊椎动物,使长期以来人类争论不休的万米深海是否有鱼类的问题,顷刻间便迎刃而解了。

我们知道,每10米深的水压就相当于1个大气压。海水的压力,再加上水中无法呼吸,使得人类一般只能无工具下潜20米左右,借助面罩和氧气瓶,下潜一般也不会超过100米。后来,人类又发明了载人作业的潜水钟,能在海中遨游的潜水艇。可是,由于受制于深海的高压以及海底的寒冷和黑暗,人类依然无法进入更深的海洋探索海底的秘密。

什么样的深潜器才能适合海底的科学探索呢?美国人威廉·毕比首先找到了突破口。他的深潜器模型并不复杂,只要把一根缆索,拴在一个空心钢球的表面上即可。这个名为"深海潜水球"的装置,直径为1.45米,壁厚3.17厘米,球形体每平方厘米能承受105.5千克以上的压力,也就是说能承受相当于1 055米深的水压。钢球的圆形舷窗上镶有厚7.5厘米的石英玻璃,这可使人看到的海底生物不致色彩失真。深潜器内装有可供两人呼吸8小时的氧气,以及

第一篇 人类重返海洋

还原"废"空气的回收装置。

1930年6月6日，毕比和另一位科学家巴顿进行

▼ 借助面罩和氧气瓶，人类下潜一般也不会超过100米

海洋奥秘——高科技与海洋

深海的诱惑

随着科学技术的迅速发展，海洋潜水也向着多样化发展。潜水的种类，由潜水器可以分为：硬式潜水、软式潜水、半闭锁回路送气式、应需送气式、自给气式。由潜水方式可以分为：非饱和潜水、饱和潜水。由呼吸气体种类可以分为：空气潜水，氮气、氧气混合气体（人工空气潜水），氦气、氧气混合气体（人工空气潜水），氢气、氧气混合气体（人工空气潜水），其他混合气体。

了第一次"深海潜水球"下潜，到达了244米水深处。这次下潜历时只有一小时，但已打破了以往潜水球所创造的各项潜水纪录。

1932年9月22日，毕比和巴顿进行了第二次"深海潜水球"下潜。这次他们到达了677米深的海底。

1934年8月15日的第三次深潜，到达了925米水深处。这个纪录保持了15年之久，直到1949年巴顿创造了1375米的深潜新纪录。直到今天，这一深度仍保持着绳吊潜水器深潜世界之最的桂冠。

"深海潜水球"虽然创造了深潜的世界之最，但其不完善之处也是显而易见的。潜水球的沉浮完全由缆绳控制，不仅下潜深度大受限制，而且不平静的洋面有可能使缆绳拉断。当缆绳本身的重量超过潜水球的重量时，它放下去是否已触到海底，让人无法说清。

瑞士气象专家奥古斯特·皮卡尔成功地解决了潜水器在深海容易出事的难题。他大胆地把气球加密封舱的原理应用到潜水中，设计出一种独特的"水下气球"深潜器。这种"水下气球"分为两部分：钢制的潜水球和像船一样的浮筒，两者紧密相联。潜水球内装有铁质压舱物，以助下沉，浮筒内充满比海水轻得多的轻汽油，用来为潜水器提供浮力。从此，潜水器就可以完全抛弃缆绳，在海洋里随意沉浮了。

第一篇 人类重返海洋

1952年，皮卡尔设计制造了一艘新型的深潜器"的里雅斯特"号，长15.1米，宽3.5米，可载两三人。

1983年，日本建造的"深海2000"号，在富士湾走出了研究潜水航行的第一步，能在2000米的深海航行。

我国成功研制的"6000米海底无人无缆潜水器"，使我国的深潜研制技术步入了世界先进行列。近年来，我国又着手进行7000米载人海洋深潜器的研制工作，若进展顺利，它将成为世界上下潜最深的载人潜水器。

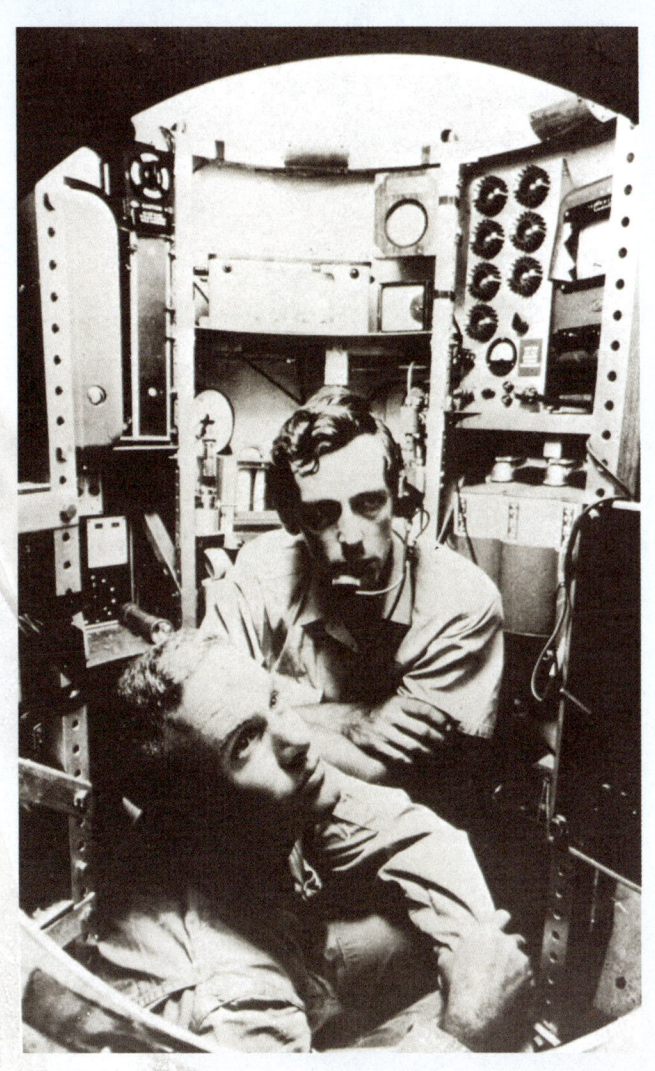

▲ 皮卡尔和唐·沃什在"的里雅斯特"号舱内

展望过往种种辉煌的时刻，我们便会发现：海洋深潜技术的迅速发展，使得100年前法国科普作家凡尔纳"人类坐船潜行两万里"的幻想，在今天变成了现实！

水下飞机与海底机器人

海洋奥秘——高科技与海洋

20世纪90年代以前,所有的深潜器都是依靠自身的重量下沉,下潜速度很慢。无论是美国的"的里雅斯特"号,还是日本的"海沟"号,从海面下潜至万米深海,都要耗时6~12小时。而且深潜器因体积小,携带的氧气有限,就大大限制了人们对深海的进一步探测。英国科学家雷厄姆·霍克斯突发奇想:能不能研制一种具有超强潜水能力的,像航空飞机一样飞行的水下"飞机"呢?

最新一代的"深飞:超级猎鹰"

1976年9月,美国一架F-14战斗机连同其携带的"不死鸟"导弹,从"肯尼迪"号航空母舰的甲板左舷跌落大海。当航母全体官兵束手无策的时候,美国政府派直升机送来了水下机器人"科沃"。"科沃"曾

霍克斯经过五年多的研究和试验,在1996年研制成功了世界上第一架飞向海底的"飞机"——"深飞"1号,并在同年10月试航成功。"深飞"1号是一种新型的深潜器。其外形有点像飞艇,更像一架飞机。它在水下做翻滚动作时,酷似一架F-14战斗机在进行精彩、刺激的空中表演。

"深飞"1号最明显的特征是两侧有一对像飞机机翼似的反向翼板。反向翼板的设计,是为了加

22

第一篇 人类重返海洋

经在太平洋成功地打捞出沉入海底的氢弹。它果然不同凡响，在其他水下机器人的配合、协助下，将"不死鸟"导弹捞了回来。"科沃"的两次立功使其名声大振。

"深飞"1号

速深潜器下潜的速度。当"深飞"1号在水中潜航时，反向翼板会产生一个向下的冲力，使其加速下潜，只需1小时左右就可从海面降落到10000米深的海底。

后来，霍克斯计划再设计一个改进型的水下"飞机"——"深飞"2号，并用超强度的陶瓷材料做耐压舱。未来的"深飞"2号将在90分钟内把人从海面送到马里亚纳海沟，而且能在那里持续工作2～3小时。"深飞"2号的潜水深度可达10000多米，几乎能够到达海底的任何角落。

"深飞"1号的成功和"深飞"2号的前景，使人备受鼓舞。不仅因为它们的下潜性能是其他深潜器所无法比拟的，而且它们的诞生很有可能开创人类深海探险的新纪元。

23

水下飞机与海底机器人

海洋奥秘——高科技与海洋

2009年,中国水下机器人"海龙"2号首次在北冰洋海域冰下调查,在东太平洋海隆"鸟巢"黑烟囱区观察到罕见的巨大黑烟囱,并用机械手准确抓获约7千克黑烟囱喷口的硫化物样品。这一发现标志着我国成为世界上少数能使用水下机器人开展大洋中脊热液调查和取样研究的国家之一。

海底的探险者不仅有水下"飞机",水下机器人也是其中的一员。

三十多年前,世界上第一个水下机器人在美国研制成功,名字叫"UARS"。"UARS"的身体相当结实,在其铝制的外壳上,又加了一层玻璃钢。因此,它能潜入457米深的水下,"顶住"压力连续进行工作。

人类赋予"UARS"的第一项使命,是到北冰洋里去探冰。机器人"UARS"通过冰洞进入寒冷的北冰洋,在水中按玫瑰花瓣式路径前进,一边走,一边把它顶部的冰的轮廓形状记录下来。这就是科学家交给它的任务——调查北极海区原冰的形状。"UARS"能在海底以3.7千米/时的速度前行,持续工作1个小时。

不久之后,科学家又设计了一种酷似蜘蛛的海底机器人。这种机器人有6只按对称轴设置的脚,每只脚有3个关节。它行走时通常用3只脚保持平衡,只有正式工作时才使用6只脚。机器人的脚尖是触地感应器,在行走的过程中,可以"告诉"我们海底凹凸不平的状况。

这种蜘蛛式的水下机器人,不仅可以代替潜水员在水底安放构筑物、拍摄海底的地形、调查海床的状况、检查海洋构筑物的损坏情况,还能帮助打捞沉船、打靶鱼雷及坠落海洋中的人造卫星等。

第一篇　人类重返海洋

我国对海底机器人的开发工作，也是成果喜人。目前，我国科学家已成功研制了无缆自治（主）水下机器人"探索者"号，以及自沉水下机器人"CR—OIA"。"CR—OIA"能在6000米的深海中，根据预先编好的程序，自治（主）地航行，进行摄像录像、测量地貌水文等工作，达到了国际先进水平。

水下机器人的诞生，使那些从事既危险又辛苦的水下调查工作的潜水员们获得了解放。它们完全有能力代替潜水员，承担开发海底世界的调查任务。随着水下机器人队伍的不断壮大，它们将凭借人类赋予的高超本领，完成自己的探测、调查任务，为开发神秘的海底世界作出贡献。

▲ 水下机器人可以代替潜水员探测海底世界

"看"穿海底的声呐

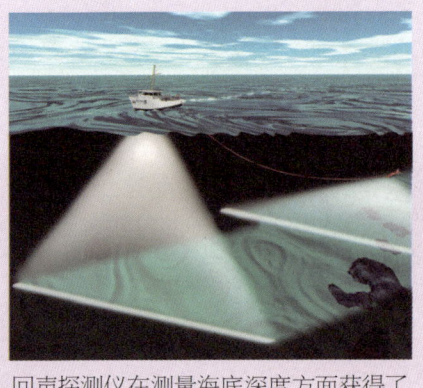

海洋奥秘——高科技与海洋

回声探测仪在测量海底深度方面获得了广泛的应用

我们都有过这样的经历，当你站在山谷中大喊一声后，回声久久徘徊，重重叠叠。这是因为周围的山离你的距离远近不一，第一个回声是离你最近的山峰反射回来的，最后一个回声应该是离你最远的山峰反射回来的，从发出的声音到听到回声的时间间隔越长，说明山谷离你的距离越远。根据这个原理，人们发明了回声探测仪和声呐，利用声音，我们就可以将海洋"看"得更清楚了。

1961年，著名的鲸类专家诺里斯做了一个试验：用橡皮眼罩将海豚的两眼蒙住，海豚照样能从容不迫地穿越水下金属柱组成的迷宫，并能准确地找到扔在水中的维生素胶囊。可见，海豚并不完全靠眼睛观察目标。可当科学家用橡皮将海豚的前额蒙住时，它说什么也不干，总是设法把橡皮弄掉。由此，人

回声探测仪是一种由晶体和铜壳组成的、能实现声波和电波相互转换的换能器。当声波在海洋中传播到达海底后，会反射回来，从而就可计算出海水的深度。已有的研究表明，声波在水中的传播速度为5500千米/时，在知道声音往返的时间后，就可算出海水的深度。

利用这种方法，人们就能准确地测出与测定目标的距离或海底的深度。从此，回声探测仪就在测量海底深度方面获得了广泛的应用，并用它测得的深度数据绘出了海底地形图。我们真应该感谢回声探测仪的发明，正是它使我们看到了一个真实的海

第一篇 人类重返海洋

底世界。

1912年，英国著名的"泰坦尼克"号豪华巨轮在赴美途中，因触撞冰山而沉入大海。为了寻找沉船，美国科学家设计了世界上第一台回声探测仪，并于1916年发明了世界上第一台声呐。

这里的声呐，是一种利用声波在水下测定目标距离和速度的水声仪器。它主要用于潜艇或猎潜艇的"水下耳目"，在航行和作战中，能使之及时发现目标，避免种种危险。因此，艇员们将其称为"水下侦察兵"。

当潜艇在水下运动时，靠推进器推进，会发出噪声，噪声传到猎潜艇的水下耳朵——声呐里，从而

们便推测出，海豚的前额上有用来定位和辨别目标的发声波的器官。

▼ 潜艇在水下运动时，推进器会发出噪声

"看"穿海底的声呐

由于各海区海水温度和盐度的不同，海洋中存在着温跃层，往往会影响声波的传递，使之形成一种"声盲区"。如果敌潜艇躲进这种"声盲"区，声呐就发现不了它。为了补救这种疏漏，科学家们又发明了一种变深声呐，它能穿透温跃层，下沉到较深的深度上，探测到潜艇或其他水下目标，成为名副其实的"水下侦察兵"。

测出潜艇的距离和运动速度。同时，猎潜艇用声呐发射声波，如对准了潜艇，潜艇就反射回来一种声波，根据这种声波，猎潜艇也能测出距离，并紧紧跟踪潜艇。

以上两种被动收听声波和主动发出声波的声呐，就是现代声呐的两大主要类型——被动声呐和主动声呐。

现代声呐的用途已超出了服务于海军的范围，成为人们认识海洋、了解海洋的重要手段之一。特别是在水下探测方面，声呐是人们认识海洋的唯一方法。

在自然界中，也有不少动物具有声波定位、辨别目标的本领，如蝙蝠和某些鱼类等。然而，生物声呐功能最先进、最高超，人类最感兴趣的当属海豚了。

海豚没有声带，是用鼻子发出频率不同的声波的。在海豚前额里有一个爪状的脂肪体，它就像一个声透镜，把声波聚成声束辐射出去。爪状脂肪体还能改变形状，发出不同辐度的声束，甚至可以在向前发射一主体声束的同时，又向90°方向发射一小的声束，这简直是在唱和声呀。更奇妙的是，它还可以用一架"发射机"发出通讯用的"哨音"，用另一架"发射机"发射定位用的"滴答"声。

海豚的下颌骨中空，骨壁很薄，中间充

第一篇　人类重返海洋

满脂肪,一直向后延伸到耳骨,并将其包围,形成一个独特的声波导管。于是,海豚的下颌骨成了声波的"接收机"。同时,耳骨周围的组织又起着对声波导管同头骨、上颌骨隔声的作用,使得海豚接收声波有着良好的方向性。

　　海豚奇妙高超的声呐之谜揭开了,我们不禁感叹:海豚的确是生物声呐的经典代表。其神秘超群的声波定位、辨别目标的能力,至今仍对人类有极大的吸引力。科学家正致力于探索海豚声呐的奥秘,用来改造人工声呐技术。

▼ 海豚的鼻子会发出频率不同的声波

隐身潜艇与反声呐技术

英国"前卫"号弹道导弹核潜艇

前面我们了解到，声呐技术被称为"水下侦察兵"，它可以利用声波对水下目标进行探测、定位和通信，非常神奇。但是，这么先进的技术也有它的克星，那就是反声呐技术。

冷战时期，西方海军的主要威胁是苏联的核潜艇。核潜艇的核反应堆在运行时噪声较大，因此那时北约主要发展用于监听噪声的被动声呐站，对窄带信号的检测成为声呐信号处理的关键技术。在冷战后期，北约依靠新的信号处理技术削弱了苏联降低潜艇噪声所获得的

2009年2月的3日或4日，英国"前卫"号弹道导弹核潜艇与法国的"凯旋"号核潜艇在大西洋相撞。据报道，"凯旋"号担负着一项为期70天的任务，当时正在返航。一般情况下，舰艇可以通过声呐装置探测到与己方相近的其他舰只。不过，或许双方潜艇上的反声呐技术太过高端，以至于各自声呐装置均未能探测到对方。这就像两个隐身人在黑夜里不小心撞了个满怀。

现代潜艇都会采用各种技术来降低自己发出的噪声，以减小被对手发现的概率，此即所谓"反

声呐"技术。就拿2009年2月英法核潜艇相撞事故来分析,事故发生后,法国国防部解释主要原因时亦称,两艘潜艇都太安静,称"它们发出的声音比虾还要小"。

声呐利用水中声波对水下目标进行探测和定位,是目前运用最为广泛且最为有效的水中探测设备。

早期的潜艇依靠潜望镜进行观察。但是潜望镜往往只能观察水面的目标,对水下目标则无能为力。

优势。这个时期反潜的特点就是大力发展被动声呐,包括拖曳阵和被动声呐浮标。

▼ 法国"凯旋"号核潜艇

隐身潜艇与反声呐技术

877型潜艇，属俄国"基洛"级潜艇。围绕着降噪这个中心，全艇对主、辅机及其管路系统和结构等进行全面有效的减振降噪，艇壳敷设了消声瓦，使得潜艇水下的辐射噪声很低，这是该型艇最大的特点，也是最大的优点。因此，它被称为世界上最安静的常规潜艇，西方情报专家甚至称其为"深海黑洞"。

因此，早期潜艇的事故率都很高，经常在水下撞上暗礁、水雷或者是别的潜艇。自从采用先进的声呐探测之后，情况大为改观。

现代潜艇装有多种声呐。例如属于国际领先水平的美国海军声呐技术，美海军的潜艇上装备的声呐系统由15部声呐组成，艇上的声呐侦察仪可以截获和偷听敌人的声呐信号。有趣的是，潜艇的克星也是声呐。在海洋中，只有靠声呐才能发现潜艇，因而存在着潜艇声呐与反声呐的对抗。

在第二次世界大战中，德国用潜水艇战略与对方争夺海上交通线，潜水艇战略能否奏效，取决于其反声呐探测技术。当年德国和美国的科学技术处于同一层次水平，技术上几番较量后，美国技高一筹，它的声呐探测技术让德国潜艇无处躲藏，损失惨重，最后只好退出大西洋。于是，美国百万大军和无数军事装备轻松越过大西洋，抵达英伦三岛，再登陆诺曼底，同东线苏军形成东西夹击态势，德国人望洋兴叹。最终，盟军赢得了欧洲战场的胜利。

随着反声呐技术的不断发展和进步，潜艇的隐蔽技术也越来越发达。反声呐系统可以吸收声呐波，现在的技术甚至可以做到吸收总数的96%，只反射回4%，这样对方就很难发现该潜艇的存在，但是，这样一来，"高手"相撞也就不可预计了。

▼ 俄罗斯"基洛"级877型潜艇

神秘的鲨眼和神奇的电鱼

海洋奥秘——高科技与海洋

今天,在我们的旅行中,相机是我们的"掌中宝",但是,一直有两个烦恼,一个就是在连续拍照时照片的清晰度较低,另一个是相机电池的电量不够用。"工欲善其事,必先利其器。"随着仿生学的发展,神秘的鲨眼和神奇的电鱼或许能排解我们的烦恼,让愉快的旅途留下清晰的美好的记忆。

神秘的鲨眼

鲨鱼,也称鲨,一种海洋中的节肢动物,有四只眼,脑前方有两只感受紫外光的视觉器官的单眼,在头部两侧还各有一只奇特的由约1000只小眼组成的复眼。

生理学家发现,鲨的小眼之间有侧向神经相互联系,当一个小眼受到光照而产生神经兴奋时,周围的小眼却受到抑制,这种现象被称做侧抑制。

鲨眼靠这种特殊作用,把眼睛接收到的视觉信号抽出加工,略去图像的细部,增强物体边框影像,从而突出图像轮廓。这样,就大大加强了目标的清晰度,使鲨能在昏暗的海底看清外界的景物。人们用来处理模糊的X光照片、航空摄影照片的鲨眼电子模拟机,用来探索奇妙的海底世界、检查海底电缆和油气管道、进行海底生物与地质调查的水下电

第一篇 人类重返海洋

视相机,都是根据这种原理研制的。

无疑,这一原理被运用于雷达才显示出"火眼金睛"的本领。通常,侦察卫星拍摄的照片,图像模糊,难以分辨。而经过鲎眼电子模拟机处理后,照片上各种景物的边缘轮廓格外分明。

◀ 鲎

侧抑制是指相近的神经元彼此之间发生的抑制作用,即在某个神经元受到刺激而产生兴奋时,再刺激相近的神经元,则后者所发生的兴奋对前者产生的抑制作用。例如,当光照鲎眼上的一个小眼A而引起兴奋时,再用光照射邻近的小眼B,小眼A的脉冲发放频率就下降。这是由于小眼B的兴奋抑制了邻近的小眼A的兴奋,同样情形,刺激小眼A也会抑制小眼B的兴奋。另外,当小眼B对小眼A产生抑制作用时,再光照另一个小眼C(小眼C远离A而邻近B),则小眼B对小眼A的抑制便减弱了。

神奇的电鱼

如果说机械、热觉、化学、光学和嗅觉是鱼类五大感觉的话,那么,电感觉就是它们的第六感觉。20世纪60年代,人们终于发现了鱼的第六感觉,这样在对鱼的感觉探索方面暂时"功德圆满"。

科学家在研究中发现,具有电感受器官的鱼类,大体可分为三类:第一类是无电鱼,包括绝大多数的鲨、鱼、鲶及鳇鱼等;第二类是弱电鱼,这类鱼有放电器官,能产生不超过10~15伏电压,包括南美的淡水刀鱼、尼罗河梭鱼和部分鱼工等;第三类为强电鱼类,这类鱼群能产生几百伏的电压,包括电鱼工、电鳗、电鲶和瞻星鱼等。

35

神秘的鲨眼和神奇的电鱼

那么,电鱼是怎样放电的呢?原来,电鱼都具有一套类似于我们常见的蓄电池结构的发电器官,它是由肌肉细胞演变而成的。这些犹如蜂窝状的发电器官是由许多块"电板"所组成。一般电鱼体中的"电板"为扁平状,厚度只有7~10微米,直径可至

▲ 电鳗

4~8毫米。"电板"分为两面:一面较为光滑,直接与神经系统相连;另一面则凹凸不平,无神经。"电板"和原来的肌肉细胞一样,具有膜外带正电,膜内带负电的静息电位。一旦受到刺激,神经系统就会传来一个指令信号,这时,"电板"的一面产生急转电势,而另一面不受神经控制,仍是原来的静息电位状态。这样,"电板"两面的电荷出现了不对称,鱼儿

第一篇　人类重返海洋

就开始放电了。

科学家利用电鱼的放电原理和电感觉来进行发明创造和认识自然界。日本科学家注意到，地震发生之前，淡水鲶鱼周围的电场强度的明显波动。如果能成功地模仿电鱼的发电器官，那么，船舶和潜水艇等的动力问题便能得到很好的解决。

通过对神秘的鲨鱼和神奇的电鱼的探索，它们的"神通广大"让我们眼前一亮。一系列的疑问和难题终将被攻破，人类在仿生学领域将会大有作为。

在所有的发电鱼中，最厉害的是电鳗。它在捕食时放出的电压一般为300伏，若长久没有放电，电压可高达800伏。其他鱼类一旦受到它的电击，身体就会弯曲成弓形僵卧在那里，任其吞食。

▶ 电鲶

海洋监测的五种兵器

海洋奥秘——高科技与海洋

兵家有十八般武艺和十八种武器，在克敌制胜之时，每一种武艺和武器都有出奇的效果。同样，在高科技的海洋探索中，我们面对一系列的不确定因素和严酷环境，仪器的精良程度便显得至关重要，否则就会徒劳无功。温度计、盐度计、深度计、海流计和验潮仪这五种仪器是在海洋探索里使用得最广泛的，那么它们又是怎么施展"武艺"的呢？

温度计

世界海洋的水温变化一般在-2~30℃之间，其中年平均水温超过20℃的区域占整个海洋面积的一半以上。海水温度有日、月、年、多年等周期性变化和不规则的变化，它主要取决于海洋热收支状况及其时间变化。它的变化幅度不是太大。测量海水的温度计，除了抗压和抗盐外没有太多的严格要求。目前使用的红外线温度计战

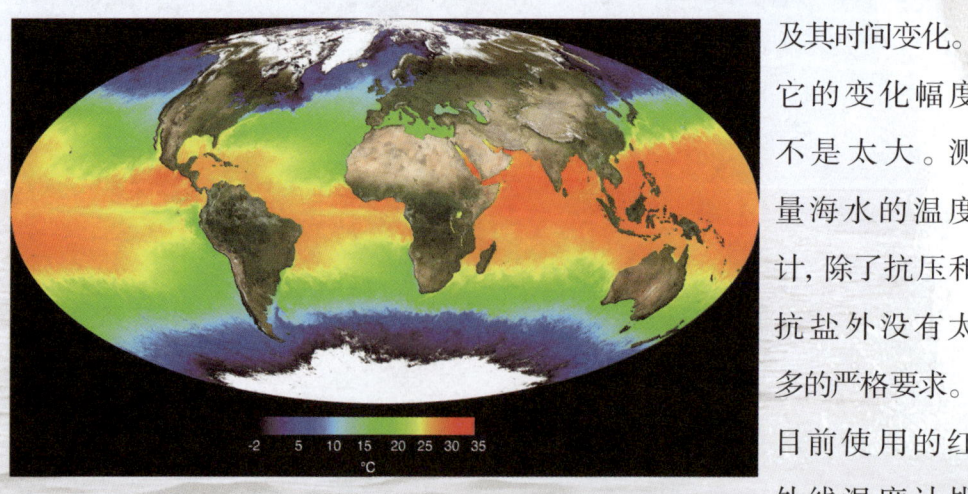

▲ 世界海洋的水温图

38

第一篇 人类重返海洋

功赫赫，为人类节约了大量科研经费。

盐度计

在海洋探索中使用的盐度计主要用来测量海水盐度——海水中全部溶解固体与海水重量的百分比。它依据的原理是光折射原理中的确定的两种介质折射率恒定。利用盐溶液中可溶性物质含量与折光率在普通环境下成正比例，可以测定出盐溶液的折光率，这样盐度计/折射仪就可算出盐的浓度（注：盐度计是折射仪的一种）。测量海水盐度的是电导率盐度计。

折射仪又称折光仪，是利用光线测试液体浓度的仪器，用来测定折射率、双折率、折光性。折射率是物质的重要物理常数之一。折射仪的工作原理是建立在全内反射的基础上。该仪器是测量宝石的临界角，并将读数直接转换成折射率值。可用于鉴定宝石。

◀ 盐度计可以测量海水盐度

深度计

从字面上我们就知道，深度计是用来测量深度的仪器。随着科技的发展，运用声波、红外线、激光等先进的技术手段来测量海洋、锰结核、石油、天然气等的深度屡见不鲜。一直以来，一些科学家在对海洋深度测量时都选择配备先进技术的深水潜水艇。1960年1月，科学家乘坐"的里雅斯特"号深海潜水器，首次成功地下潜至世界上最深的马里亚纳海沟最深处进行科学考察。令人惊奇的

海洋监测的五种兵器

是，在这样的海底，科学家们竟看到有一条鱼和一只小红虾在游动！

海流计

全球的大洋相连，形成一个水体系，在一定时期内海水会因受气象因素和热盐效应的作用大体上沿一定的路径大规模流动。如台湾暖流、赤道逆流、北冰洋寒流等，用来测量这些海流速度和方向的机器便是海流计，它依据的原理是声、光、电和磁的特

▲ 海流计可以测量海流速度和方向

性，分为定点海流计和漂浮测流装置两类。

验潮仪

验潮仪，观测潮汐涨落高度的仪器，又称水位计。潮汐和波浪都反映了海洋水位的变化，某些验潮仪的工作原理与相应的测波仪十分相似，其主要区别在于验潮仪中要有消波装置，才能测出水位的缓变分量——潮位。验潮仪包括验潮杆、声学验潮仪、直接感压式压力验潮仪等。

此外还有浮子式验潮仪、气密引压式和补气引压式压力验潮仪等几种。浮子式验潮仪通过测量验潮井中浮子的垂直位移来记录潮位的变化；其验潮井须与当地最低水位相通，且能较好地消波。在气密引压式压力验潮仪中，海水的压力通过引压钟内密封气体传输到敏感元件，进行测量和记录。补气引压式压力验潮仪通过供气装置使水下感压系统不断放出气泡，保证该系统中的气体压强与它所处深度的水头压强相等，测量气压即可换算成潮位。

在现代海洋探索中，这些仪器都是常规仪器，再普通不过了，然而，也正是这些"丑小鸭"曾帮助人类开启了海洋探测之门。

测波仪，观测波浪时空分布特性的仪器。按照工作原理可分为视距测波仪、测波杆、压力测波仪、声学测波仪、重力测波仪和遥感测波仪等类型。

海洋浮标，监控哨所

海洋奥秘——高科技与海洋

在田径场上，运动员们沿着跑道进行比赛，从划定好的起点冲向终点。在海上进行的帆船比赛是如何在广袤无垠的大海上找出规整的跑道呢？是什么引导着运动员们一齐驶向终点？

漂浮于海上的浮标就像一个个哨所

由于海洋上的气象水文条件变化多端，帆船竞赛的场地往往不是固定不变的。在规定了比赛区域后，正式竞赛开始前会进行场地布设，由工作人员驾驶着各种测量工具和浮标的布标船进行布标工作。

没错，指引帆船运动员在比赛中从起点驶向终点的唯一参照物就是浮标。船只航行在大海中，有时我们会看见一个孤零零的、类似航标灯的物体

第一篇　人类重返海洋

起伏于大海之中，这也是浮标，它是可以为人们提供各类海洋上的情报的海洋浮标。远离陆地的它到底有何用途呢？

　　在沿海和海岛上都会建立一些海洋观测站，但观测到的数据只能反映近海和临岛海域的情况，对远洋航行起不了作用。如果能在海洋的中心建立一个海洋观测站，不就能解决这个问题了吗？但谁又能一直住在海洋的中心呢？

　　这位尽职的观测员其实是海洋浮标，它是一个无人的自动观测站。一般固定于指

▶ 海洋浮标一般分为水上和水下两部分

海洋浮标，监控哨所

为什么海洋浮标不会随波飘走？

海浪产生的振动是上下频率的，使海洋浮标在原地做上下的垂直运动，并不进行水平运动。而浮标下面有链与重物，作用与锚的原理一样使重心保持在水下，这样使得海浪产生的力不足以将浮标带走。海洋浮标并不是纹丝不动的，它还会受到风力的作用，有一定的浮移范围。

定海域，随波起伏。别看它在茫茫大海中毫不起眼，但能在任何恶劣的环境下进行不间断、长期、全天候的工作，每日定时测量并即时发布水文气象信息。

海洋上的冰山分为水上和水下两个部分，海洋浮标也一样。它的水上部分装有多种气象要素传感器，测量风速、风向、气压、气温和湿度等数据；水下部分则是多种水文要素的传感器，分别测量波浪、海流、潮位、海温和盐度等数据。

海洋浮标的工作完全自动化，各传感器产生的信号，通过相关仪器自动处理，把数据整合后由发射机定时发出。地面接收站将收到的信号，进行一系列的处理，就得到了人们所需的资料。那些离陆地太远的浮标怎么办呢？它们是将信号发往卫星，再由卫星将信号传送到地面接收站。

我国在1980年3月成功研制了使用数字传输的大型海洋浮标——"南浮一"号。

帆船比赛中其实也利用到了

海洋奥秘——高科技与海洋

第一篇　人类重返海洋

海洋浮标，我们在电视上观看比赛时，不经意就能发现航道浮标，但很少有人注意到，在更远的海上漂浮着的海洋浮标，它们是沉默的英雄。根据它们的观测，如果海上的风

◀ 海洋浮标采用太阳能电池和蓄电池组合供电

45

海洋浮标，监控哨所

海洋奥秘——高科技与海洋

被称为"海上不倒翁"的浮标属于何种浮标？

海洋浮标的种类比较多，按位置的固定分为锚泊浮标、漂流浮标和潜标。被称为"海上不倒翁"的浮标属于锚泊浮标，锚泊浮标和漂流浮标均固定在特定的位置，记录随时间变化的海洋要素。我国分别从六十年代、七十年代开始，开展了锚泊浮标和潜标的研制工作。

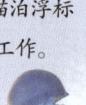

速不适宜帆船比赛，就可以适当调整赛程。参赛选手也要学会善用海洋浮标提供的气象资料，不断调整战术，夺取最后的胜利。

比赛结束，导航的浮标就拆除了，而海洋浮标则可继续使用，为当地近海海域的航运、捕捞渔业、海上养殖等提供详细可靠的海洋气象资料。

第二篇
海洋物质资源

暗黑中的光芒

海洋奥秘——高科技与海洋

多管水母

漆黑的夜晚，萤火虫的光帮我们找回了童年的美好记忆；坟地里色彩鲜艳的"鬼火"给我们带来了毛骨悚然的感觉；火山口喷发的火光照亮整个天宇……这些划破夜晚的宁静的光源，给我们的生活增添了无穷的乐趣。那么，夜晚的茫茫大洋是否会有指引方向的"灯塔"呢？

夜晚，海面兴风作浪，黑压压的一大片，礁石愈发让人觉得恐怖。突然，前方的礁石边，一群流萤似的火花忽闪忽闪地起舞，宛如海神点燃的万点烛光。

那么，这满海的"海火"是怎样形成的呢？

原来，这是海洋微生物发出的光。大海中能发光的微生物有七十多种。其中一种叫鞭毛藻，它的体内含有荧光素酶，在海浪冲击的物理作用下，再加上氧参与化学反应，便会发光。单个鞭毛藻发出的光微不足道；当大量鞭毛藻聚合在一起时，我们便可以看见

第二篇　海洋物质资源

"海火"；5亿亿个鞭毛藻聚合在一起，才能产生相当于100瓦灯泡的亮度。

海洋中还有许多能发光的腔肠动物，比如多管水母、大洋水母、羽螅、介穗螅等。据统计，44%的深

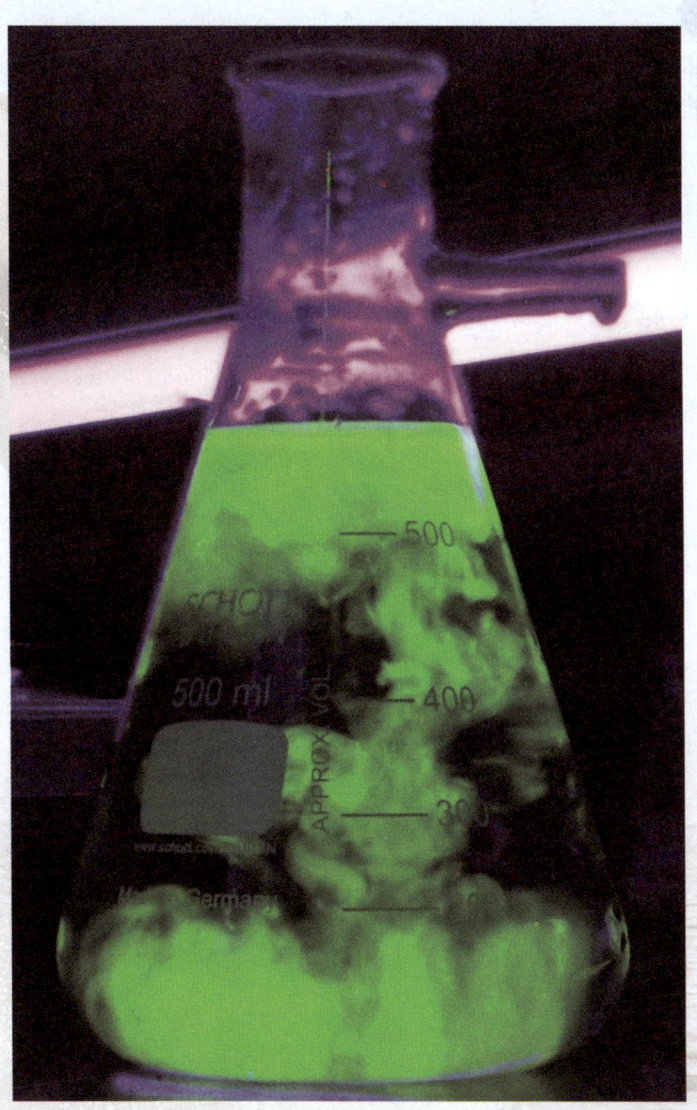

通常情况"海火"分为三类：乳状海火——细菌不经受刺激就能产生的一种持续发光；火花状海火——小型浮游生物受刺激后所发出的一种间断性发光；闪光海火——某些水母受刺激后所产生的一种瞬间发光。

▲ 紫外线照射下的荧光素

暗黑中的光芒

海洋奥秘——高科技与海洋

冷光源是利用化学能、电能、生物能激发的光源（萤火虫、霓虹灯等），具有十分优良的光学、变闪特性。物体发光时，它的温度并不比环境温度高。冷光源的发光原理是在电场作用下，产生电子碰撞激发荧光材料产生发光现象。冷光源的特点是把其他的能量几乎全部转化为可见光，其他波长的光很少。

海鱼类都能发光，鱼类的发光器官是海洋发光生物中最复杂、最完善的，但发光的情况各不相同：有的鱼的两侧发光；有的鱼身上有排像铜扣似的发光斑点；有的下腭有成对的发光器……这样便方便它们在长夜里能够看见其他物体，方便捕食，寻找同伴和配偶。

海洋生物的发光现象，引起了科学家的兴趣。他们在很久以前，就开始了对这一发光现象的研究。

19世纪末期，法国科学家杜波依斯发现了蛤体内两种与发光有关的化学物质：荧光素和荧光酶。近年来，人们发现发光生物还利用一种叫三磷酸腺苷（ATP）的高能化合物作为能源。由于发光生物的荧光素消耗量大，生物每次发光后，荧光素便与三磷酸腺苷相互作用，使其再生，重新发光。

人们还发现，生物发光的效率特别高，不产生任何热量，全部化学能都可以转化为光能。这是任何人工光源所不能及的。

在人工光源中，白炽灯的灯丝烧到3000℃时才能发光。其中90%的能量都以红外线的形式转变成热能而消耗掉了，只有10%的电能转化成光能。荧光灯虽比白炽灯要好一些，但它的效率也不超过25%。

许多类似蛤的小动物身上的荧光素和荧光酶，一遇到水便发出光来，即使存放20年之久的干粉末，也依然如此。据说，在第二次世界大战期间，日本军队就曾配备这种粉末来代替手电筒，借着它的荧光在夜间查看地图。

人们从海洋发光生物身上得到启示，用化学方法制成了冷光源。冷光源在工程技术上的作用很广。例如，在容易引起爆炸危险的火药库和充满瓦斯的矿井中，冷光源是最安全的照明设备。

目前，科学家正在深入探索海洋生物发光机制，以便更好地加以利用，造福人类。科学家设想，未来的办公室、住宅、公共场所和汽车涂上特殊的冷光物质，在白天冷光物质接收太阳能，而到了夜晚则大放光明，使每座城镇都变成"不夜城"。

▲ 尾部发光的萤火虫

锰结核——"21世纪的矿物"

锰结核

看过《西游记》的人都会记得，孙悟空夺取东海龙宫的"镇海之宝"——金箍棒而后大闹龙宫的故事。孙悟空的金箍棒是用金、银、铜、铁做的，威力无穷，变化多端。如今，金箍棒已经"下岗"了，真正的"镇海之宝"变成了"21世纪的矿物"——锰结核。

1873年2月18日，英国"挑战者"号考察船来到加那利群岛西南，从海底捞上来几块像黑煤球似的硬块。直到20世纪初，经化验分析才得知，"黑色卵石块"是含有大量锰、铁、铜、镍、钴等元素的矿石团块。这就是被称为稀世珍宝的锰结核。

锰结核又称"铁锰结核"、"多金属结核"。其表面是由一种暗褐色、湿润状、几乎是黑色的物质构成的。如果把它切开，中间一层一层的，层次非常分明，核心是各种岩屑和贝壳。锰结核大小不一，直径一般为0.5~20厘米，个别可达1米以上。

第二篇 海洋物质资源

锰结核含有铁、锰、铜、钴、镍等五十多种金属元素、稀土元素和放射性元素，尤其是锰、铜、钴、镍的含量很高。据估计其储量约有3万亿吨，可采潜力约750亿吨。其中所含锰的总储量是陆地的779倍，铜是36倍，钴5250倍，镍405倍，铁 4.3倍，铝75倍，铅33倍。按20世纪80年代世界的消耗量计算，可供人类使用数千年至数十万年。

可见，在陆地原材料日益短缺的情况下，开采深海锰结核无疑会给工业生产注入新的血液。

自1958年开始，世界上对锰结核进行了有组织的调查。调查发现，锰结核像铺路的卵石似的，摊铺在700～7000米深的洋底表层沉积物上，但只有在水

金属锰可用于制造锰钢，极为坚硬，能抗冲击、耐磨损，大量用于制造坦克、钢轨、粉碎机等。锰结核所含的铁是炼钢的主要原料，所含的金属镍可用于制造不锈钢，所含的金属钴可用来制造特种钢。所含的金属铜大量用于制造电线。锰结核所含的金属钛，密度小、强度高、硬度大，广泛应用于航空航天工业，有"空间金属"的美称。

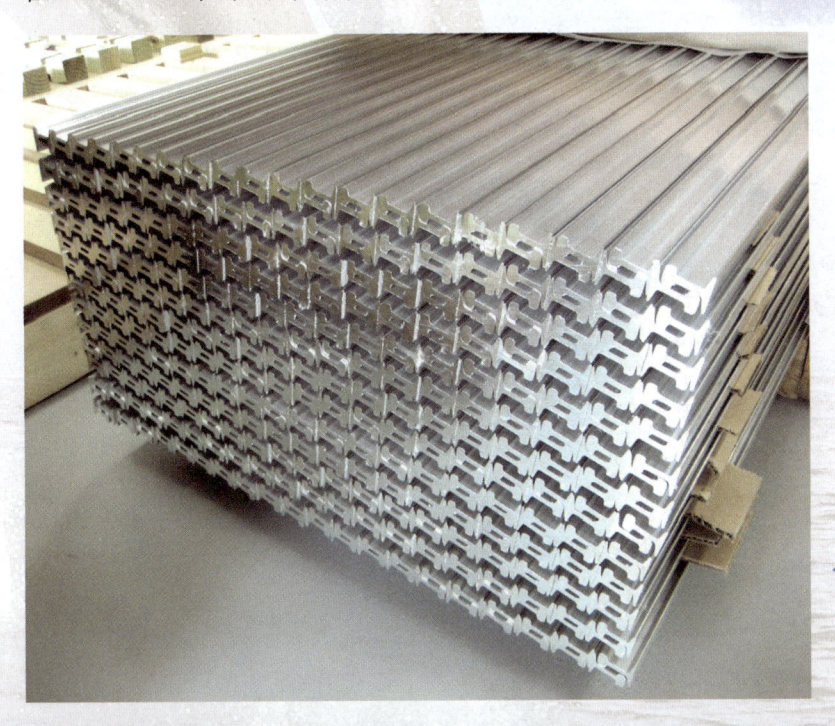

◀ 锰结核所含的金属锰可以用于制造钢轨

锰结核——"21世纪的矿物"

深3000米以上的矿床才有开采价值。调查还发现，锰结核是一种自生矿物，每年约以1000万吨的速度不断增长，简直就是一个取之不尽、用之不竭的活矿床。

现在，已初步查明太平洋中的锰结核储量最丰富。在北纬6°~20°、西经110°~180°之间的太平洋深水区，锰结核的品位和丰度都很可观，被认为是第一代最有希望的采矿区，也是各国进行锰结核调查勘探和试采的主要场所。

美、英、日、俄等国已成立了许多公司，从事锰结核的勘探和试采工作，有的国家还建立了提炼工厂。

1978年，日本采矿船用泵式开采方式采集锰结核获

▲ 锰结核所含的金属铜可以用于制造电线

海洋奥秘——高科技与海洋

第二篇　海洋物质资源

得成功,最大开采速度是每小时400千克。这为人类大规模开采锰结核开了先河。

1979年,我国海洋调查船在南太平洋首次采到了锰结核。1998年初,又在南海尖峰海山区1480米深水处采获262.72千克锰结核,其中最大一块重达39.31千克。

深海锰结核资源的开发技术,大致可分为调查、开采和冶炼三个部分,其中,以开采技术的研制最为困难。目前,一套采矿装置,基本上由三部分组成,即集矿装置、输送系统和采矿船。当前试验的开采方式中,可以归纳为连续索斗式和泵式两类。

连续索斗式开采是在一根长1万余米的环形尼龙缆绳上,每隔一段距离系挂一个采矿挖斗,通过采矿船上的机械操作,使采矿船上直达海底的环形缆绳不断循环运移,带动挖斗不断地把洋底锰结核挖取到采矿船上。

泵式开采是一种由海底集矿装置采集锰结核,用管道输送到采矿船上的开采方式。按输送动力种类分为液压泵式和空压泵(气举)式两种。这些开采设备方案,现在都处于不断试验改进和比较的过程中。

可以预料,位于汪洋大海中的锰结核,随着矿床开采技术的成熟,一定会源源不断地从海底输送上来,造福21世纪及其以后的人类。

锰结核的成因至今是个谜。关于锰结核成因问题的研究,科学家主要是围绕三个问题进行:什么是锰结核构成和元素供给源?锰结核的沉积地点是怎样形成的?锰结核的生长机理是什么?尽管人们已经花费了大量的人力、物力和财力去研究深海的锰结核,但其成因之谜仍未解开。科学家们众说纷纭,提出各种成因假说,但每种假说都没有确凿的证据。

海底喷泉，热液矿藏

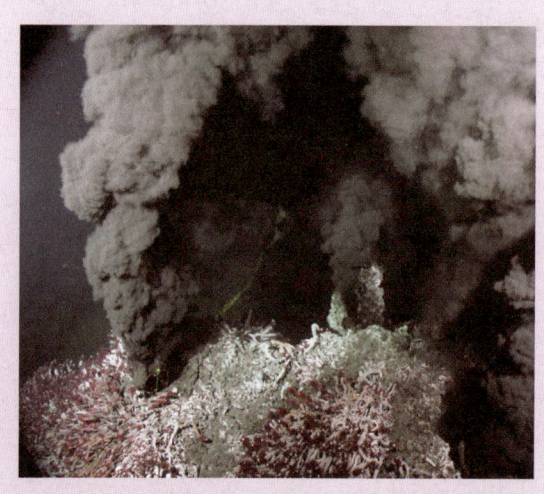

通过对海底的探索，我们可以毫不夸张地说，海底就是一个十足的"聚宝盆"。而在这个"盆"中，热液矿藏无疑是"盆中盆"，因为它含有大量的金银及其他贵金属。

海底矿产——热液矿藏

1988年5～7月间，日本工业技术院地质调查所利用德国的"阳光"号调查船，在冲绳海槽的海底进行热液矿藏考察。科学家们利用深海潜水技术，从长6000米、宽3000米、深1400米的海槽底部打捞出约3吨海底热液矿藏。之后，从这些矿石中提炼出52克黄金、33000克银，还有铜、铝、锌等多种金属。

1984年，在第27届国际地质大会上，法国的科学家为与会代表放映了一部在深海拍摄的影片。其中一组镜头尤其引人注目：只见在接近海底处，蒸汽腾腾、烟雾缭绕、烟囱林立，仿佛一座"海底工厂"。再仔细观察，海底冒出各色的烟，有黑烟，也有白烟，还有清淡如雾的烟。

其实，这些烟囱中喷出的不是烟，而是一种海底矿产——热液矿藏。这些烟囱就是热液矿藏的喷溢口沉淀形成的产物。

深海热液矿藏，又称"热液矿床"或"重金属泥"，是从海底地层深处以高温液体状喷发而出。那

第二篇 海洋物质资源

么，热液矿藏是怎样形成和喷发出来的呢？

原来，无孔不入的海水，在中央裂谷的缝隙中渗到海底，遇到了下面的高温岩浆，从而溶入了许多矿物元素，形成了高温、高浓度、高密度的矿藏，在地壳内部的巨大压力下，不得不再倒吐出来。

这些矿液的密度比海水要大得多，因此温度虽高也不能向上升去，只能规矩地待在海底，积聚在低洼的沟槽或盆地里。令人惊奇的是，矿液的表面与海水的分界十分明显，如同一个颇大的"海底矿湖"。

▼ 水下机器人采集热液矿藏标本

海底喷泉，热液矿藏

分析测试表明，这些浓液中富含锌、金、铜、铁、铝、锰、银等元素。在某些更加浓缩的矿液中，这些金属的含量竟比普通海水中的高出5万倍。尤为可贵的是，它们在不断地"生长增大"。

20世纪60年代中期，美国海洋调查船在红海首先发现了深海热液矿藏。之后，其他国家又在不同大洋陆续发现了几十处矿藏。

红海"阿特兰蒂斯Ⅱ"号发现的重金属软泥矿床是当今世界上已发现的最有经济价值的热液矿藏。在其上部，有一片10米厚的含重金属沉积物，估计总量超过5000万吨，其中含锌290万吨、铜106万吨、银4500万吨、金45万吨。有趣的是，重金属软泥五彩缤纷，有黑、白、黄、蓝、红等各种颜色。

理论研究和海底考察发现，从俄罗斯远东、中国东部、马来西亚、澳大利亚、美洲西海岸，直到阿拉斯加，是绵延3万千米的环太平洋构造成矿带，分布着多种热液矿床，通常被称为环太平洋"大铜环"或"大金环"。据报道，我国在海洋调查中也发现了丰富的海底热液矿藏。

在目前的科学技术条件下，还无法立即对深海热液矿藏进行开采与加工，它仅是一种具有潜在力的海底资源宝库。一旦开采技术成熟，热液矿藏将与深海锰结核、海底石油、海底砂矿一起，成为21世纪的海底四大矿

第二篇 海洋物质资源

种。其实，从海底热液矿藏的产出及开采看，它与锰结核、钴结壳相比较，具有水深浅、矿体富集度大、易开采、易冶炼等特点。只是目前还不具备立即开采和加工的条件而已。对热液矿藏的实验开采，分为对块状热液矿藏的开采和对软泥状热液矿藏的开采两种不同的方式。

有着"海底金银宝库"美誉的热液矿藏，正吸引着越来越多的国家参与到勘探、试采行列中来。至于未来，热液矿藏的开采将形成规模，成为社会物资生产的一个稳定的原料来源。

▼ 目前还不具有开采与加工深海热液矿藏的科学技术条件

化石燃料，水中取火

海洋奥秘——高科技与海洋

目前，人类利用的能量70%以上都是来自于煤、石油、天然气等化石燃料。众所周知，化石燃料是不可再生资源，其总储量相当有限。能源危机的警钟时刻萦绕在耳旁，这不是危言耸听。化石燃料有分布广泛、储量不一、开采技术复杂等特点。随着陆地上的化石燃料日趋减少，海洋终将成为人类最后的边疆。

巨大的海底石油钻井开采平台

化石燃料亦称矿石燃料，是一种碳氢化合物或其衍生物，包括的天然资源为煤炭、石油和天然气等。化石燃料的运用能使工业大规模发展。发电时，在燃烧化石燃料的过程中会产生能量，从而推动涡轮机产生动力。旧式的发电机是使用蒸汽来推动涡轮机的。现在，很多发电站都已采用燃

曾经的供能大哥——煤

煤在人类的发展史上扮演着举足轻重的角色，一直以来在供能领域稳坐第一把椅，只是近些年来随着石油的开采与利用才逐渐退居次席。在已经探明的情况中，煤在海洋里的分布相对于陆地稍显集中，主要分布于大陆架等近海一带。海底的煤资源也极为丰富。目前，日本的煤产量有30%来自海底，加拿大为40%，而智利则高达80%。当然，进行海下煤田勘探及开采的技术及其苛刻，目前只有美国、英国、加拿大等少数国家能够进行。2004年，我国进行了首次探索。

第二篇 海洋物质资源

海洋——"蓝色的油田"

随着社会经济的不断发展，人们对石油、天然气的需求日益增多。然而，到了20世纪末期，陆地上87%的石油储量已被开采，许多已开发的大油田业已告罄。

1947年，在墨西哥湾钻出了世界上第一口海上商业性的油井，揭开了海底石油勘探与开采的新纪元。

海底石油和天然气的储量极为丰富。据统计，大陆架石油储量为1450亿吨，天然气地质储量为140万亿立方米，约占世界油气总储量的25%~30%。

气涡轮引擎，是利用燃气直接来推动涡轮机的。

▲ 海洋被称为"蓝色的油田"

化石燃料，水中取火

海洋奥秘——高科技与海洋

根据油气所在的地理位置和沿海国家海底油气产量分析，全世界海底油气资源大约可分为波斯湾、墨西哥湾、北海、马拉开波湖、东南亚近海、鄂霍次克海、中国近海等海区。

近年来，人类勘探油气的能力一年比一年强大，运用的开采技术一年比一年先进，而且大部分产油平台的水深已从200米以内增加到200～350米，并逐步向更深的海底转移。

我国是世界上海底油气资源非常丰富的国家之一。目前已在近海海域发现了二十多个富含油气的盆地，主要分布在渤海、北黄海、东海陆架、珠江口、北部湾、莺歌海等。估计我国近海的石油储量和天然气地质储量分别可达225亿吨和14万亿立方米。

海洋石油的勘探和开采，经历了由沿岸、近海以至更深海域的发展过程，使海洋变成了真正的"蓝色油田"。在21世纪，科学家们认为，海洋油气的开发，将向着高技术、智能化的方向发展。

能燃烧的"冰雪"——天然气水化合物

在大洋深处，有一种极像冰雪的固态物质。令人惊奇的是，它有着极强的燃烧能力，可作为上等能源。

这种可燃烧的"冰雪"原来是海底的一种天然气水化合物，主要是由甲烷与水组成的，还有少量

据实验，在-10～10℃的低温和100个大气压以上的高压条件下，甲烷气体能和水分子合成固态物质，并具有很强的储载气体的能力。在海洋中，有90%的区域具备天然气水化合物生成的温度和压力条件。据测算，一个单位体积的天然气水化合物可储藏100～200倍于这个体积的气体储载量，即1立方米的固体水化合物可包容180立方米的甲烷气体。换言之，天然气水化合物的能量密度是煤和黑色页岩的10倍，是传统天然气的2～5倍。

的硫化氢、二氧化碳、碳和其他烃类气体。为白色晶体，从外形上看，跟冬季的冰雪非常相像。

海洋里天然气水化合物的含量非常可观，据估计约有1.8亿立方米，约合1.1万亿吨，相当于全世界煤、石油和天然气总储量的2倍。

1995年，国际深海钻探组织在大西洋西部海底的布莱克海台处，打凿了一系列的深海钻孔，首次证明这里的天然气水化合物具有商业开采价值。经初步估计，该海区这种资源的含量多达100亿吨，可满足整个美国105年的天然气需求。

我们相信，天然气水化合物作为21世纪的新型能源，在未来的经济建设中，将会大有用武之地。

在人类的发展历程中，化石燃料的使用始终是一把"双刃剑"——给人类送来能源的同时，也给地球带来污染。为了人类的可持续发展，我们要科学合理地利用它。

▶ 天然气水化合物具有可燃性

无穷尽的海中矿产

海水为什么会那么咸呢？这是因为海水中溶解有大量的以盐类为主的矿物质。人类在陆地上发现的元素中，现已有80多种在海水中找到。浩瀚的海洋是一个巨大的资源宝库。海水总体积约有137亿立方千米，可供提取利用的元素有50多种。

海水中有几十种稀有元素，而且很多是陆地储量少，分布分散但价值很大的元素。例如铷和铯是制造光电管的原料，光电管又是现代自动化设备的重要元件。铷和铯在陆地上储量都非常少，但海水中储量却比较多。铷在海水中藏量达1900亿吨。硼或锂的氢化物可作火箭的高能燃料，硼在海水中的储量有7万亿吨以上。

据科学家计算，在1立方千米的海水中，有2700多万吨氯化钠、320万吨氯化镁、220万吨碳酸镁、120万吨硫酸镁。如果把海水中的所有盐分全部提取出来，平铺在陆地上，那么陆地的高度可以增加150米。假如海水全部被蒸干了，那么在海底将会堆积60米厚的盐层，盐的体积有2200多万立方千米，用它把北冰洋填成平地还绰绰有余。

确实，海洋可谓矿产丰富，接下来我们看看海洋中的矿质元素要是以单质状态存在，究竟又会有多大的量呢？

海洋中含有大量的氯化钠，由于氯化钠的相对分子质量是58.5，其中钠的为23，氯的为35.5，再加之氯离子与其他的矿质阳离子组合，不难看出，氯的量远远超过钠的量，但金属钠在海水中的含量是最大的金属矿质元素。

第二篇 海洋物质资源

海水中金的总储量高达600万吨。如果把海水中的金全部提取出来，那么黄金就和现在的铝一样，变得非常平凡了。世界海洋学家预言，占地球总面积71%的海洋含有大量黄金，是人类未来竞争的驰骋之地。

▼ 氯化钠晶体

无穷尽的海中矿产

海洋奥秘——高科技与海洋

1840年，溴被用于照相技术，于是提溴工业便飞快发展。1921年，人们发现溴加入汽油中可做抗爆剂，之后，二溴乙烷的用量剧增，促进了制溴工业的发展。溴的用量从1920年的500吨，发展到1930年的5000吨，于是海水提溴形成了工业化生产。

据科学实验表明，1千克铀裂变所含的能量约等于2500吨优质煤燃烧时所释放的能量。据计算海洋里铀的总量达到了45亿吨，相当于陆地铀储量的2000倍。要是实现了对海水里面铀的开采，我们便可以利用更多的核能来造福自己。

海水中存在着一种很有用的"溴"。生活中，当你染上病毒时，所使用的青霉素、链霉素等抗生素都离不开溴；生产中，用来消灭害虫的熏蒸剂、杀虫剂等农药，更离不开溴……溴在海洋水体中的总藏量达95万亿吨，约占地球上总贮溴量的99%。

还记得我们上化学课时燃烧放出强烈白光的镁吗？镁肥能促进农作物的光合作用，增加农作物的产量；镁砖可耐2000℃以上的高温，是碱性炼钢炉不可缺少的炉衬；镁合金可用来制造飞机、快艇；镁氧水泥硬化快、强度高，是优质的建筑材料……海水中含镁的总量达到1800亿吨。

有一种保存在煤油中的常见的金属，它就是钾。海水中钾的含量为500万吨。但海水中含钾的浓度很低，仅为380毫克/升。

碘是应用已久的药用元素和化工原料，又是近代用于人工降雨和火箭添加剂中不可缺少的物质。海水中碘的总藏量约800亿吨，但由于其浓度较低，因此，由海水直接提碘的研究，进展缓慢。

第二篇 海洋物质资源

▲ 溴呈红棕色液体状

食盐的王国

海洋奥秘——高科技与海洋

食盐是一种幸运物，食盐能防止肉类及其他物品腐烂，也因此成为不朽与永存的代名词。有些民族的传说中，撒盐被认为能对抗魔鬼，让人免受伤害。俄罗斯人送给新生儿的四件礼物中就有食盐，用以帮助婴儿辟邪。实际上，在任何时代，食盐都是不可忽视的战略物资。

盐田

海水里含有盐，是人类对海水成分最直观的感受。

人的血液中含有0.9%的盐，人若长时间不吃盐，会危及生命。食盐在工业上的用途更广、用量更大，在肥皂工业、染料工业、矿业、钢铁工业、陶瓷业、农业都离不开盐。

第二篇　海洋物质资源

到目前为止，世界上盐业生产主要有三种方法。

盐田法：又叫太阳能蒸发法，是很古老的方法。这种方法是在海边滩涂上筑起坝，设立水闸，在滩涂上整出一块块方田，并将海水放进去。在太阳的照晒下，海水中的水分逐渐蒸发，盐粒即可渐次析出。现在，世界上绝大多数国家仍用盐田法生产食

关于"海水含盐"的说法，有一个非常动人的神话故事。相传很早很早以前，人类学会了用火烤肉吃，可时间一长，便觉得淡而无味，且浑身软弱无力，渐渐消瘦。健康和繁荣女神索露丝见此情形十分焦急。于是，她将天神的磨盐机偷出来送给了人类，并把磨盐机放在了大海中的一条小船上。当天神知道这件事情后，非常生气，便来到大海中惩罚索露丝。后来，在海神的劝说下，天神对索露丝免除了重罚，但他将磨盐机打入了海底，并要海神用海水为人类服务。就这样，磨盐机一直在海底转呀转呀，为人类磨出了数也数不完的食盐。虽然这是一个神话传说，但食盐与人类健康息息相关，这确是千真万确的。

◂ 食盐有时被视作幸运物

69

食盐的王国

从海水中制盐至今已有5000多年的历史了。在埃及古王国时代（公元前2686年~公元前2181年）的金字塔文字中，就出现了"atr"的文字，它是一种钠盐。在中国，相传炎帝时就教人民煮海水制盐。从福建省发掘出土的文物中就有熬盐工具，证明了早在仰韶文化时期（公元前5000~公元前3000年）当地人民已用海水煮盐。

盐，但生产技术已大大改进，产量大幅度提高，生产中的各个环节基本实现机械化。

电渗析法：是20世纪50年代开始研究，70年代成熟起来的一项制盐新技术。日本是目前世界上唯一采用这种方法完全取代盐田法制盐的国家，年产量超过100万吨。电渗析法制盐原理和电渗析海水淡化一样，只不过一个在半渗透膜上取盐，获得淡水，一个在半渗透膜上取海水，获得食盐。

冷冻法：是纬度比较高的国家采用的一种制盐技术。这种方法的原理是，当海水冷却到海水的冰点（−1.8℃）时，海水即会结冰，而海水中结成的冰里面很少有盐，基本上是纯水。去掉冰后，从剩下的浓缩了的卤水中就可制出盐。像俄罗斯、瑞典等国家多采用此法制盐。

目前，世界上拥有海岸的国家几乎都在生产海盐。墨西哥的黑勇

第二篇 海洋物质资源

士盐场是世界上最大的海盐场，年产量600万吨。中国是世界上产盐量最高的国家，1995年生产海盐达1773.2万吨，居世界第一位。

▼ 墨西哥的黑勇士盐场是世界上最大的海盐场

海洋能解决人类淡水危机吗？

海洋奥秘——高科技与海洋

淡水资源紧缺已成为全球性的危机。一些国际组织或会议不断向全球发出警告："水资源正在取代石油而成为全世界引起危机的主要问题"；"在干旱或半干旱地区因国际河流和其他水源地的使用权，可能成为两国战争的导火索"；"淡水紧张和使用不当，对可持续发展和环境保护构成了严重而又不断增长的威胁"。

淡水资源紧缺已经成为全球性的危机

解决淡水危机的长远办法是海水淡化技术。随着科学技术的发展，人类已能将海水淡化。目前，人们已经发明了二十多种海水淡化方法，其中已经投入工业规模生产的有蒸馏法、电渗析法、反渗析法三种。

蒸馏法： 就是把海水加热变成水蒸气，再把水蒸气冷凝收集就变成了淡水，剩下的浓盐水另作他用。蒸馏法装置的类型有单级闪蒸式、多级闪蒸式、薄膜竖管式、浸管式等多种，其中多级闪蒸式无论其装置数量还是造水能力均居首位。多级闪蒸式的工作过程是，先把管子加热，然后把海水引进低

第二篇　海洋物质资源

压装置中，在压力低的状况下，水的沸点也降低，于是海水在这种低压容器里急速汽化，蒸气迅速离开热海水，在换热管外冷却成淡水。该法能有效地利用与节约热量，降低成本，切实可行。

电渗析法：该法是通过电流来实现的。先将海水注入电渗析槽中，然后接上直流电，海水里的电解

为什么说淡水资源危机正在爆发？地球的总储水量虽然庞大，但海洋咸水却占了97%以上，淡水不足3%。这不足3%的淡水中却有68.7%以固态形式冰存于两极冰盖和高山冰川中；有30.97%蓄存在地下含水层和永久层冻土层中；湖泊、河流、土壤中所容纳的淡水可谓微不足道，人类实际可利用的淡水资源在数量上是极为有限的。21世纪初期，全世界淡水用量为20世纪70年代的3倍。因此，由于淡水资源的不可再生性和人类淡水用量的大量增长的矛盾使得淡水资源危机正在爆发！

◀ 海水淡化技术是解决淡水危机的长远办法

海洋能解决人类淡水危机吗？

据统计，到1980年6月，全世界仅这三种类型的海水淡化装置就达2204个，总造水量每天约727万吨。到1989年底，全球共有7535座海水淡化装置，总装机容量达1329万立方千米淡水，生产能力比1986年增加了40%以上。

质就被电解，里面的阴阳离子（如Cl^-、Na^+）分别通过交换膜向两极移动，留下的就是淡水了。

反渗析法：这种方法是利用压力驱使海水通过反渗透膜的微孔，由于水分子比较小，可以顺利通过，而分子较大的盐则留在了膜的后面。

南极的冰山，是陆地上的雪水冻结而成的。据统计，在南极3800万平方千米的海洋里，大约有22万座冰山，最大的面积是2.6万平方千米，露出水面的高度达40.5米。南极冰盖平均厚度2000～2500米。运送南极冰山水也是一种解决水资源危机的方法。

1977年10月，第一届"国际冰山利用会议"在美国的阿姆斯小镇召开，有18个国家的二百多位冰山学家、水动力学家和海洋学家出席，并宣读了105篇论文。

美国发明家约瑟夫·科纳尔说，利用冰山周围海水之间的温差，就可以把冰山推走；只要在冰山一端装上蒸汽涡轮推进器就行了。因为冰山底下的海水温度要比冰山本身高11℃，这个温度足以使液态氟里昂变成气体。受热膨胀的气体压力就可以把发动机推动，冰山也就会像一条轮船一样行驶前进了。约瑟夫计算得出，只要12个氟里昂动力系统、40个机组操作人员，就足以推动一座冰山行驶。也有人提出与之近似的办法：在冰山尾部和两侧安装以原子能为动力的强力推进器，前面用少量船只引导的办法。为了防止冰山经过赤道或热带海域时融化，可在上面铺上涂有散热降温药物的塑料薄膜，问题就解决了。也可在薄膜的中间部位挖几个洞，让这些部位的冰裸露出来，以直接接受阳光照射，逐渐融化，这就等于在冰山上开凿了几个贮水池子。这样，既可节省塑料薄膜，又可缩短到目的地后融冰的时间。冰山可以提供淡水，还可以拖到其他地方，这是不是太神奇了呢？

▼ 海水淡化技术是解决淡水危机的长远办法

海流发电，潜力无穷

海洋奥秘——高科技与海洋

在浩瀚无边的海洋中，除了有潮水的涨落和海浪的上下起伏外，还有一部分海水宛如人体中不停循环流动着的血液，在海洋中有规律地、长年不懈地默默奔流着。这种奇异的环流就是"海流"。帆船时代，古人利用海流漂航。现在的人类则在此基础之上利用海流发电。

海浪能是以动能形式表现的海洋能之一

海洋能中有一种能量叫海浪能。若将潮汐比拟成大海的"呼吸"，那么，海浪就是海洋不停跳动着的"脉搏"。

海浪能是以动能形式表现的海洋能之一。海浪是由海上的风吹动海水形成的。风与海面作用产生波浪，水面上的大小波浪交替，有规律地顺风"滚动"着；水面下的波浪随风力不同做直径不同、转速不同的圆周运动。海浪滚滚而来，蕴藏着巨大的能量。如何将海浪的动能转化为电能，是人们多年来梦寐以求的理想。

世界上许多国家，如英国、日本、美国、加拿大、芬兰、丹麦、法国等都在研究和试验海浪发电，并相继提出了300多种发电装置的方案。目前全世界约有近万座海浪发电装置在运转，仅日本就有1500多座在使用中。英国则拥有世界上最先进的海浪发电机。

第二篇　海洋物质资源

早在1911年，世界上的第一个海浪发电装置就诞生了。为了提高海浪发电的实用化水平，科学家正在考虑改进一些技术：一是必须提高小波幅发电输出，目前只有波高大于1.3米的海浪才能被用于发电；

▼ 海流发电机

海流发电，潜力无穷

海浪发电机主要由英国Checkmate海洋能源公司设计，是一种类似蟒蛇的大型发电设备，由橡胶制成。宽度将达到7米，长度达到200米，1/25大小的原型已于最近完成测试。投入使用后，可满足1000个普通家庭的用电需求。据他们透露，"巨蟒"将于2014年左右投入运转。

二是尽可能使海浪的波力平稳，以获得稳定输出；三是解决向陆地送电的特殊电缆；四是解决发电船的锚定力，增强发电船抗风浪的能力。

大海中的另一种能量是"海流能"，主要是指海水的水平移动，也包括垂直运动，海流现象是持续进行的，不易被一般人从海面上发现。它所蕴含的能量即海流能量，是以动能形式表现出来的另一种海洋能，是全球海洋能中最大的一种，有人估计约为50亿千瓦。

海流发电是依靠海流的冲击力使水轮机旋转，然后再变换成高速旋转去带动发电机组发电。海流发电站通常浮在海面上，用钢索和锚加以固定。

世界上目前存在着多种海流发电装置。有一种浮在海面上的海流发电站，看上去像一个巨大的花环，被称为"花环式海流发电站"。这种发电站是由一串螺旋桨组成的，它的两端固定在浮筒上，浮筒上装有发电机。整个发电站迎着海流的方向，漂浮在海面上，就像献给客人的花环一样。"花环式海流发电站"的发电能力通常是较小的，一般只能为灯塔和灯船提供电力，至多不过为潜水艇上的蓄电池充电而已。

20世纪70年代末期，一种设计新颖的"伞式海流发电站"发电成功。这种电站是建在船上的，通过串在一根长154米的绳子上的50个降落伞来集聚海流能量。绳子的两端相连，形成一个环形，并将绳子套在锚泊于海流中的船尾的两个轮子上。这样，置于海流中的50个降落伞由强大的海流推动着。当处于逆流时，伞就被大风吹胀撑开，顺着海流方向运动起来。于是，拴着降落伞的绳子又带动船尾的两个轮子旋转起来，连接着轮子的发电机也就跟着转动而发出电来。此外有人设想，若将一个31000高斯的超导磁体放入"黑潮海流"中，海流在通过强磁场时会切割磁力线，这样就会发出1500千瓦的电力。

▲ 海浪发电机

海洋"呼吸"的神力

潮汐发电机

每天海浪一起一伏地涌向岸边，飞溅起朵朵浪花，没多少时间，原先你站立的那片沙滩就被海水淹没了，沙滩和岩石都不见了。几小时以后，海水悄悄地退了，你曾留下脚印的地方又显露出来。海水这种按时涨落的现象，就是大海在有节奏地呼吸，而且天天如此，年年不变。这种呼吸叫"潮汐"。

海洋能的储量，按粗略估算，全世界可利用的海浪能约25亿千瓦；潮汐能约为27亿千瓦；海流能约为50亿千瓦；温差能约为26亿千瓦；盐差能约为20亿千瓦。另外，海面上太阳能的蕴藏量约为80亿千瓦，风能约为10亿～100亿千瓦。海洋，不愧为人类巨大的能源库。

浩瀚无垠、奔腾不息的海洋，是能量的积蓄，是力量的凝聚。那滚滚的浪涛，似万马奔腾，拍天裂岸（海浪能）；那受月亮和太阳牵引的潮汐，周而复始，经久不衰（潮汐能）；那默默潜行的海流，挟风携电，一泻千里（海流能）；那热海水与冷海水撞击（海水温差能），那浓盐水和淡河水交织（海水盐差能）所产生的神力，更让人瞠目结舌。这就是以动能、热能、化学能等形式出现的海洋能。

那么，我们怎样向波涛汹涌的海洋索取电能呢？要想把海洋能转变成电能，必须依靠科学技术

第二篇　海洋物质资源

的进步。在20世纪80年代后期，人类向海洋索取电能的夙愿终于实现了，科学家在利用海洋能方面取得了三项突破：海浪发电——利用波浪中蕴藏着的机械能发电；温差发电——利用海洋表面较暖而深处较冷的温度差发电；海流发电——利用海水的流动来推动水轮机发电。同时，潮汐发电技术、盐差发电技术也都得到了广泛的应用。分布在海洋上的各种发电装置，正在源源不断地为人类供应着强大的电力。

▲ 潮汐发电站

海洋"呼吸"的神力

海洋奥秘——高科技与海洋

海洋能发电的最大优点是不会污染环境，不用担心二氧化碳、二氧化硫和核废料的污染。另外，沿海城市可就近获得方便的电力，免除了运煤输油的烦恼。

通过以上的介绍，我们知道潮涨潮落的"潮汐"也能产生电能。

潮汐能是以位能形态表现的海洋能之一，是由月亮和太阳的引力引起的。由于地球不停地自转，面向月亮的地区不断更换，所以潮汐天天发生，循环不已，永不停息。

海洋的潮汐中蕴藏着巨大的能量。在涨潮的过程中，汹涌而来的海水具有很大的动能，随着海水水位的升高，就把大量海水的动能转化为势能；在落潮过程中，海水又奔腾而去，水位逐渐降低，大量的势能又转化为动能。海水在涨潮、落潮的运动中所包含的大量动能和势能，称为潮汐能。

潮汐发电的工作原理和一般水力发电的工作原理相近。潮汐发电大体有三种形式：其一为单库单向发电。在海湾或河口建造堤坝、厂房和水闸，将海湾或河口与外海分隔，涨潮时开启水闸将水库充满，落潮时排出潮水，带动水轮发电机组发电。这种

1966年法国在朗斯河口建造的潮汐发电站，是世界上第一座大容量的现代化潮汐电站，被称为法国的一个伟大创造。这座电站的大坝长750米，贮水面积2200公顷，最高水位13.5米，可储水1.89亿立方米。电站装有24台发电机组，装机容量24万千瓦，每年发电5.55亿度。

第二篇 海洋物质资源

形式只建造一个水库,只能在落潮时发电。也有的采用反向形式,即利用涨潮时水流由外海流向水库时发电,落潮时开闸把库水放低。其二为单库双向发电。同样是建造一个水库,只是采用一定的水工布置形式或采用双向水轮发电机组,保证电站在涨落潮时都能发电。其三为双库双向发电。是在有条件的海湾建造两个水库,在涨、落潮过程中,两水库的水位始终保持一定的落差,水轮发电机组在两水库之间,连续不断地发电。

▼ 海洋发电的最大优点是不会污染环境

海洋奥秘——高科技与海洋

海洋温差也能发电

在浩瀚的大海中，真正最有能量的，并不是那些看起来气势汹汹的大浪，而是默默无声地蕴藏在海水中的热能。研究数据表明，同样面积的海洋要比陆地多吸收10%~20%的热量，海水的热容量是土层的两倍，花岗岩的五倍，空气的3100多倍，因此，海洋成了地球上吸收太阳能的最大热库。

位于美国夏威夷的海水温差发电厂

现在新型的海水温差发电装置，是把海水引入太阳能加温池，把海水加热到45~60℃，有时可高达90℃，然后再把温水引进保持真空的汽锅蒸发进行发电。用海水温差发电，还可以得到副产品——淡水，所以说它还具有海水淡化功能。一座10万千瓦的海水温差发电站，每天可产生378立方米的淡水，可以用来解决工业用水

海洋温差能源是一种奇妙的能源，太阳照射地球表面，使海洋的表面与底部产生了很大的垂直温差，从而产生能源。科学家利用海洋热能转化技术把深海水抽到海面，使冷水遇到海面高温水发生汽化，推动涡轮发电机发电。

利用海洋温差产生电力的理论研究和技术研究已有120多年的历史，海洋温差发电的原理是19世纪后半叶由法国人想出来的。在20世纪70年代爆发了全球能源危机，这一技术得到重视，近年来研究取得了实质性的进展。海洋是一个太阳辐射热能的巨大收集器和储存器。它的表层水温度可达

第二篇　海洋物质资源

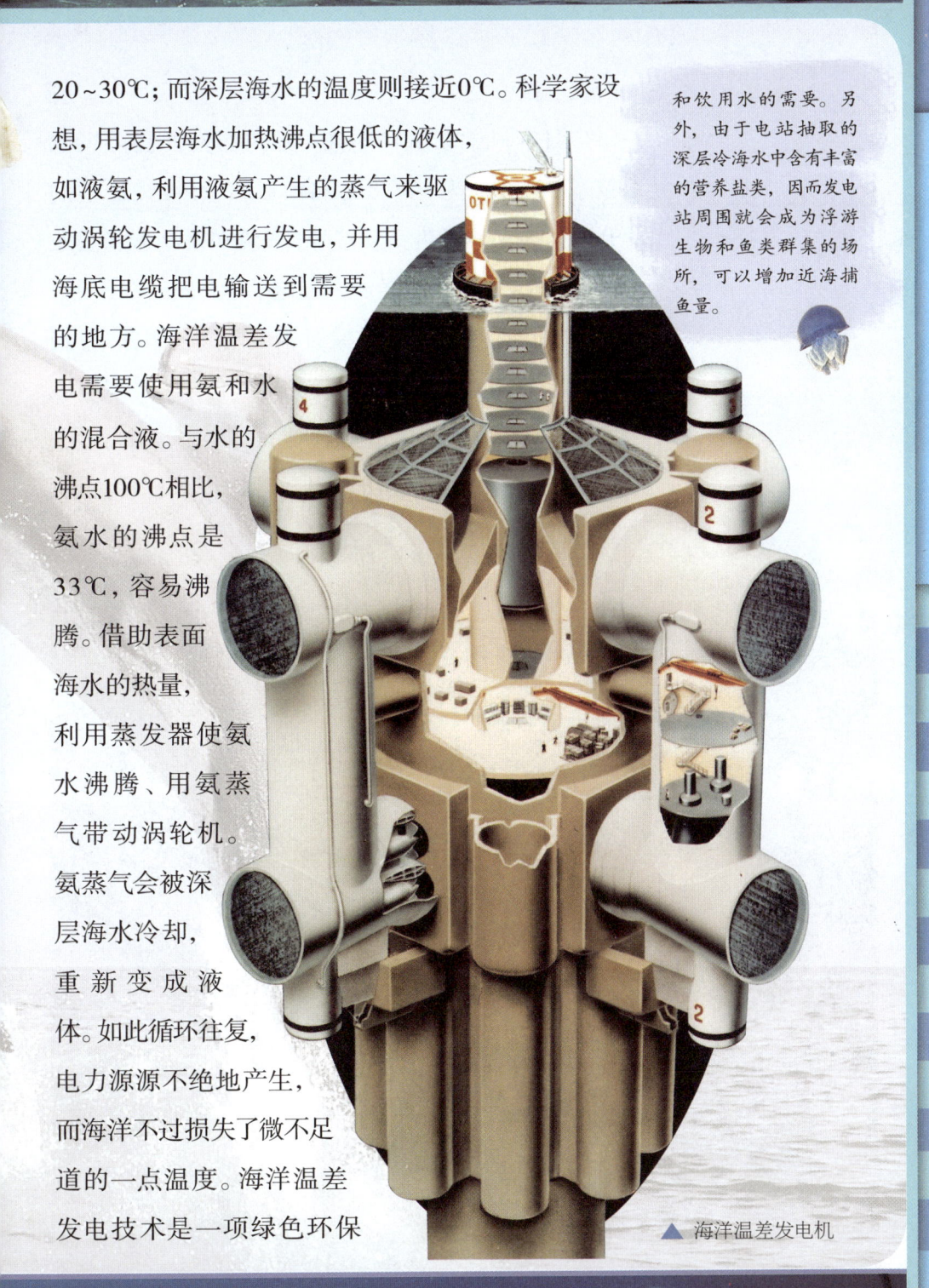

20~30℃；而深层海水的温度则接近0℃。科学家设想，用表层海水加热沸点很低的液体，如液氨，利用液氨产生的蒸气来驱动涡轮发电机进行发电，并用海底电缆把电输送到需要的地方。海洋温差发电需要使用氨和水的混合液。与水的沸点100℃相比，氨水的沸点是33℃，容易沸腾。借助表面海水的热量，利用蒸发器使氨水沸腾、用氨蒸气带动涡轮机。氨蒸气会被深层海水冷却，重新变成液体。如此循环往复，电力源源不绝地产生，而海洋不过损失了微不足道的一点温度。海洋温差发电技术是一项绿色环保

和饮用水的需要。另外，由于电站抽取的深层冷海水中含有丰富的营养盐类，因而发电站周围就会成为浮游生物和鱼类群集的场所，可以增加近海捕鱼量。

▲ 海洋温差发电机

85

海洋温差也能发电

的发电技术。

日本科学家从1973年开始进行海洋温差发电技术的研究。为了高效地将海水热量传给氨，他们开发了电容器板热交换装置，安装在凝结器和蒸发器上。结果确立了海洋温差发电中最高效的"循环"系统。世界上第一座试验性海水温差发电厂直到1979年8月才在美国夏威夷问世。这座电厂的发电能力为50千瓦，它设在一艘驳船上。同年8~12月做了试发电。这次发电成功表明，海水温差发电将很快具备商业价值。

▼ 新型的海水温差发电装置还具有海水淡化功能

第三篇
海洋生物资源

海洋药物宝库

海洋奥秘——高科技与海洋

浩瀚的海洋总是能引起我们无限的遐想。在广阔的海洋中，生存着许许多多的生物，使海洋充满活力，使海底的世界丰富多彩。

珍珠能治疗多种疾病

海洋药物中含有许多活性物质，我国研究报道的就有数十种。例如，抗癌活性物质有从软珊瑚、柳珊瑚及海藻中发现并获得的前列腺素及其衍生物；从刺参体壁分离得到的刺参糖苷和酸性粘多糖等。我国产的具有抗肿瘤作用的海藻类主要有石莼、肠浒苔、角叉菜、海黍子、萱藻、海萝、叉枝藻及刺松藻等。海贝类及棘皮动物中亦含多种抗癌物质。

海洋是一个巨大的生物世界。海生植物有几十万种，仅藻类就有十万种以上；海生动物有十几万种，仅鱼类就有两万多种。这些生物使海洋充满活力，生机勃勃。在这些海洋生物中，许多还能为人类提供药物资源。

例如，从海底采捞上来的珍珠，研碎后入药，能定惊安神、益阴清热，治疗多种疾病；乌贼骨，可用做止血、燥湿、收敛药；从海参肛门释放的毒素中，可分离出一种抗癌物质；从深海鲨鱼的肝脏中，可提取能治疗肿瘤的活性物质……海洋是一个丰富的药物资源宝库。

人类对海洋生物药物价值的认识，可以追溯到几千年前。然而，人类从深层技术的角度开发海

第三篇 海洋生物资源

洋药物,则是近现代的事情。

那么,人类利用哪些先进的技术和方法来开发海洋药物呢?

20世纪60年代,随着分离纯化技术及分析检测技术的发展,使人们能从海洋生物中获得结构清楚的化合物。加之当时"回归大自然"的社会需求,使海洋药物的研究和开发无论是在广度还是深度上,都进入了一个新的阶段。

1945年,从海洋污泥中分离得到头孢霉素;1964年,河豚毒素结构测定成功,并于20世纪70年代完成了河豚毒素的人工合成;1965年,第一个二倍半萜的结构被报道;1969年,从加勒比海柳

▲ 河豚含有致命毒素

海洋药物宝库

尽管海洋面积占到了地球表面积的绝大部分，但世界各国目前真正研发成功的海洋药物却并不多。认识到海洋生物在生物医药中的重要性，发达国家对此给予了越来越多的关注。美国、日本、欧盟每年在海洋药物研究上的经费均超过1亿美元。在我国，海洋保健品的开发十分活跃。在中国研究人员开展研究的数百种海洋天然产物中，已有数种进入临床试验阶段。

珊瑚中分离得到高含量（1.8%）的前列腺素15RO-PGA2。这些成就引起了化学界对海洋生物活性物质的极大兴趣。

20世纪80年代末以来，分离纯化及化合物分析鉴定技术又有了新的发展。深水采集获取样品的技术、用生物技术直接培养低等海洋生物或细菌并从中获取样品的方法等，使采集样品的范围拓宽了许多。灌注色谱法、径向流动色谱法、亲和色谱法等近代高压液相层析技术与荧光检测、免疫化学检测相结合后，可成功分离、纯化海洋生物，得到极微量的活性物质。这些方法和技术的新进展，为海洋药物，尤其是活性物质的进一步开发扫除了障碍。

近几年，随着分子生物技术的飞速发展，活性物质筛选有了新的手段。美国国立癌症研究所于1995年发明了叫做Hollow Fiber Assay的筛选抗肿瘤药物的新方法。此法是将不同的肿瘤细胞株放入对肿瘤细胞具有选择性通透的1毫米粗的纤维管中，然后将管子置入皮下及腹腔的六个不同部位，以代替传统的"皮下异种移植法"。

Hollow Fiber Assay还被用于抗艾滋病药物的筛选。唯一不同的是用淋巴细胞株代替肿瘤细胞株，它是一种有前途的抗艾滋病药物体内筛选法。

在现代分离纯化技术、分析检测和鉴定技术、分子生物技术等的支持下，人类对海洋药物特别是活性物质的开发取得了极大进展，研究出一些严重危害人类生命健康的心脑血管疾病、肿瘤、艾滋病等疾病的防治药物。进入21世纪，随着现代医学研究技术的进步，海洋药物宝库无疑将为人类提供更多的新药，使人类更加健康。

▲ 从深海鲨鱼的肝脏中可以提取能治疗肿瘤的活性物质

海洋药物学的兴起

海洋奥秘——高科技与海洋

在地球上，约71%的面积被海洋覆盖着，在这片广阔的海洋里，生存着几十万种生物。由于在海洋中的特殊环境，如高盐、高压、缺少阳光，使海洋生物在其生长和代谢过程中，产生并积累了大量具有特殊化学结构并具有特殊生理活性和功能的物质，是开发新型海洋药物的重要资源。

研究海洋天然活性成分是海洋药物开发的基础和源泉

据有关医学专家预测，人类将在21世纪征服癌症。那么，人类靠的是何种灵丹妙药？近年来，科学家研究后发现，海洋将成为21世纪的药库。如从海参、牡蛎身上排出的毒素中提取的物质，可以有效抑制癌细胞的生长。科学家发现鲨鱼很少得肿瘤，经研究发现

人类对海洋生物药用价值的认识可以追溯到几千年前。早在公元前3世纪的《黄帝内经》中就记载有以乌贼骨为丸、饮以鲍鱼汁治疗血枯。从我国最早的药物专著《神农本草经》、李时珍的《本草纲目》到清朝的《本草纲目拾遗》，历经2000多年，共收录海洋药物110余种，成为我国中医中药宝库中的一个重要组成部分。近代的《全国中草药汇编》收录了海洋药物166种，《中草药大辞典》亦收录海洋药物144种。

海洋药物的研究是以海洋天然产物的研究作

92

第三篇　海洋生物资源

为基础的。而海洋天然产物的研究则是起源于陆生生物的化学成分的研究，是陆生生物天然产物研究领域的拓展和延伸。20世纪中叶，由于天然有机化学的迅猛发展，在分离技术和结构分析技术特别是光谱技术方面的长足进步，促进天然产物的研究取得了迅猛发展，使得从海洋生物中获取含量很低、结构复杂的化合物变得不再非常困难。目前，开发利用海洋生物资源已成为世界各国制药竞争的一大领域。

鲨鱼的血清对肿瘤细胞有杀伤作用。这些发现，让人们看到了治愈癌症的曙光。

▲ 海藻类营养保健食品具有广阔的前景

海洋药物学的兴起

我国目前已有六种海洋药物获国家批准上市：藻酸双酯钠、甘糖酯、河豚毒素、角鲨烯、多烯康、烟酸甘露醇。我国正在开发的抗肿瘤海洋药物有6-硫酸软骨素、海洋宝胶囊、脱溴海兔毒素、海鞘素A（B、C）、扭曲肉芝甲酯、刺参多糖钾注射液和膜海鞘素等药物，但其长期疗效还有待于进一步观察评价。

海洋天然活性成分的研究是海洋药物开发的基础和源泉。海洋生物种类繁多，存在着许多特殊的次生代谢产物。

例如，目前已经发现海藻多糖是一种新的天然双歧因子，它对双歧杆菌促生长实验为海藻类中药的营养保健价值提供了科学的实验依据，也提示我们正确利用野生植物资源，如把海藻这类资源丰富的野生植物改造成营养保健食品，前景是非常广阔的。

海洋无比浩瀚，目前对海洋生物中活性成分的发现还仅仅处在开始阶段，经过较系统的化学成分研究的海洋生物还不到总数的1%，还有大量海洋生物有待于进行系统的化学成分研究和活性筛选。目前，医学界把研究重点主要集中在无脊椎动物等低等的海洋生物上。海洋生物天然活性成分往往具有复杂的化学结构而且含量极低，人们必须建立快速、微量的提取分离和结构测定方法，才能有效地辨别它们。这是一项"海底捞针"的工作。

不少海洋天然活性成分含量低，原料采集困难，限制了该化合物进行临床研究和产业化。寻找经济的、人工的、对环境无破坏的药源已经成为海洋药物开发的紧迫课题。

采用人工养殖或模拟天然条件进行室内繁

第三篇　海洋生物资源

殖，是获得海洋药物的一个重要途径。美国斯坦福大学已成功进行了草苔虫实验室繁殖研究。运用组织细胞培养和功能基因克隆表达也是解决药源问题的一个新的发展方向，许多科学家正在进行这方面的有益探索和深入研究，这些生物技术的应用将为生物资源开发展现广阔的前景。

▼ 海 参

岩沙海葵，以毒攻毒

岩沙海葵

在海洋生物中，有一种叫岩沙海葵的腔肠动物。它生长在海滨岩石上，或半截身子埋在沙土里，当它那些绚丽的触手全部伸展开，在海水中随波摆动的时候，就好像一朵怒放的向日葵，故称之为"岩沙海葵"。

被岩沙海葵蛰过后，早期中毒症状有运动失调、四肢无力、嗜睡、心动过速、心律失常。继而消化道广泛出血、血压下降、体温降低。中毒严重者症状继续发展，由于血循环量减少，出现休克（或虚脱），终因心脏和呼吸功能衰竭而死亡。皮肤接触该毒素时，局部会出现烧灼感和肿胀

两个科学研究小组分别于1971年和1974年在调查西加毒素（一种耐热、脂溶化合物，中毒表现有胃肠道症状和神经症状，偶尔也有死亡者）生物来源的过程中，都独立地发现了含高毒性的岩沙海葵毒素（Palytoxin），简称PTX。

岩沙海葵毒素，是目前已知的最强的冠脉收缩剂之一。人们已经知道，血管紧张素Ⅱ能引起血管张力的显著改变，而PTX至少比它强100倍。而且，

第三篇　海洋生物资源

PTX的作用速度极快,动物从中毒到死亡的时间仅3~5分钟,抢救时甚至连静脉给药也无效,因为静脉血流的停滞使得解药无法到达心脏,所以,只有直接对心室注射解毒药才能有效解毒。

另外,有人曾研究过PTX的去毒药物问题。用市售的漂白粉、氢氧化钠以及盐酸的水溶液,均能在短时间内使其失去毒性,而醋酸却无效。如果要向动物或人的心室注射解毒药的话,一般50毫克的罂

感,相继出现红肿与坏死等改变。当毒素液滴入眼内染毒时,立即引起角膜、结膜炎症,愈合后常遗留疤痕,虹膜粘连,且往往继发青光眼。

▼ 岩沙海葵的触手

岩沙海葵，以毒攻毒

既然岩沙海葵的毒素这么厉害，我们就尽量不要与它接触。如果无意中被岩沙海葵蜇伤，应立即用各种方法除去皮肤表面的触手、刺丝胞和刺丝。尽量减少患者活动，以免加速毒素吸收，严重者需及时送医救治。

杰碱或5毫克的异山梨糖二硝酸酯，可逆转由PTX引起的中毒。在所有试验过的解毒药中，异山梨糖二硝酸酯是效果最好的一种。

在毒性试验中发现，注射极少量的PTX溶液，就会引起心脏的反应。因此，心肌可能是PTX的作用部位。至于PTX引起动物死亡的原因有很多，可能是因为PTX引起动物冠脉平滑肌强烈痉挛，从而引起血流量显著减少，在血管中引起普遍的坏死作用；可能是PTX中毒造成氧供给的减少，导致心脏和呼吸逐渐衰竭；甚至可能是代谢物的积累引起肾衰竭。

PTX也是目前所知道的最毒的非蛋白质毒素之一。其活性极高，比众所周知的河豚毒素、石房蛤毒素等海洋毒素的毒性要高一个数量级，能引起强烈的血管收缩，具有抑瘤活性，已引起各方面学者的极大重视。

1974年，科学家们研究了岩沙海葵及其所含毒素的抗癌活性，从三种岩沙海葵中用乙醇提取活性物质，提取物能抑制小鼠艾氏腹水瘤，而且发现抑癌活性随提取物的毒性的增大而增大。

经过二十多年的努力，科学家已经阐明了岩沙海葵毒素的化学结构。岩沙海葵毒素是由129个碳原子组成的聚醚化合物，分子量为2677，含有40个羟基和8个甲基。这为进一步研究该毒素及其活性碎片、化学合成其类似物奠定了基础。这种毒素的

第三篇　海洋生物资源

药理研究正在不断深入进行,有望获得高效生化机制研究药物——治疗心血管病药物和抗癌药物。

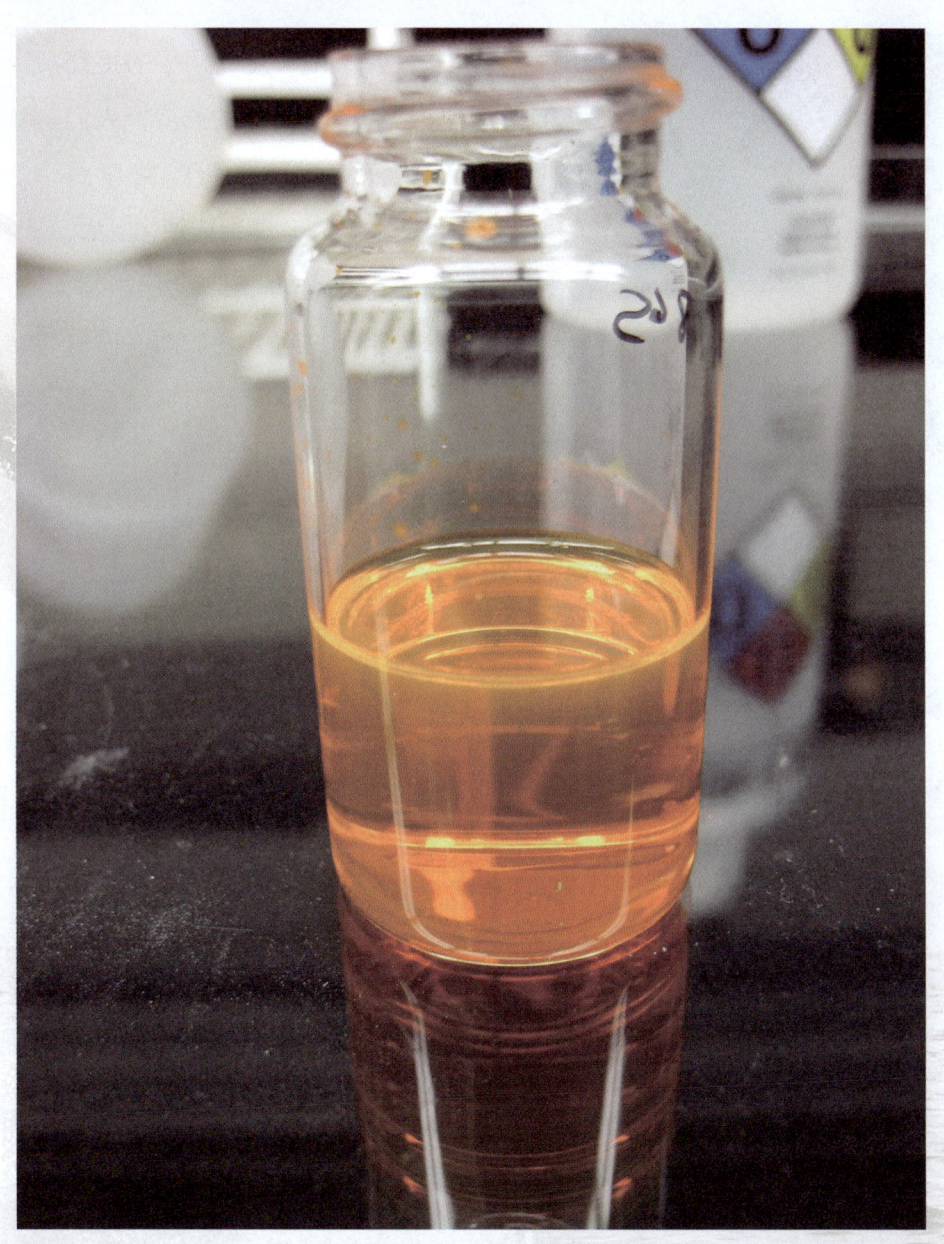

▲ 提取的岩沙海葵毒素

"L.S."：血管清道夫

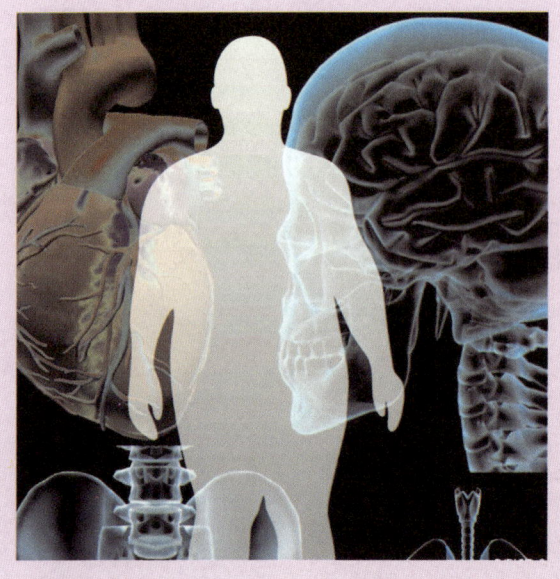

海洋奥秘——高科技与海洋

随着生活水平的提高和饮食结构的改变，人们又将要面临新的健康威胁——动脉粥样硬化。大、中动脉内膜出现含胆固醇、类脂肪等黄色物质，多由脂肪代谢紊乱、神经血管功能失调引起。

动脉粥样硬化是人类面临的新的健康威胁

引起动脉粥样硬化的原因有很多，例如吸烟、高血压、高血脂、肥胖等。动脉粥样硬化始发于儿童时期进而持续进展，通常在中年或者中老年出现症状。因此，动脉粥样硬化多见于40岁以上的男性和绝经期后的女性。本病常伴有高血压、高胆固醇血症或糖尿病

动脉粥样硬化是许多心脑血管疾病的病理基础。近年来，医学家对其病因和病理学进行了深入研究，抗动脉粥样硬化药物研制也有了很大的进展。

早在20世纪中叶，科学家就发现，从一些海藻中提取的物质，对循环系统和血液系统有作用。同时，还从昆布或其他海藻中，提取一种多糖成分，经硫化可得到褐藻淀粉酯钠，简称L.S.，它也有抗动脉粥样硬化的作用。

经过对降低血脂和抗凝等方面的研究，人们

第三篇 海洋生物资源

发现L.S.有类似肝素样延长凝血时间以及降低血脂的作用。人们又发现不同的给药途径，L.S.的作用不完全相同。当皮下或肌注给药时，L.S.具有抗凝活性；当静脉给药时，有抑制凝血酶的作用。

等。脑力劳动者较多见，对人的健康危害甚大，为老年人主要病死原因之一。

▲ L.S.能够有效预防和改善动脉粥样硬化

"L.S."：血管清道夫

俗话说医疗不如食疗，有没有简单的方法预防动脉粥样硬化呢？首先要合理饮食，坚持适量的体育运动，合理安排工作和生活，不吸烟，喝酒要适量。不食或少食奶油、糖果或酸味饮料，少吃甜食，少吃精制糖，多吃标准粉，少吃精粉。这样可以改善消化能力，降低热量摄入，也减少了肠道对脂肪和胆固醇的吸收。多吃水果，少喝刺激性强的饮料。

科学家做了一个试验，在长期用高胆固醇饲料喂养的家兔中，L.S.不仅能降低它们血浆中的中性脂肪、磷脂、结合及游离胆固醇和β-脂蛋白的含量，而且能抑制动脉壁脂质沉着和结缔组织的增生。因而，L.S.抗动脉粥样硬化的作用是极为显著的。

L.S.的分子量为4000～10000不等，一般认为在每个葡萄糖单位上有两个硫酸的结构最为稳定。它的生理特征与其含硫量的多少、分子量的大小有关。通过对不同来源、不同处理方法提取的L.S.分析后发现，含硫量降低，分子量增大，抗凝活性增强；反之，含硫量增多，分子量变小，降脂作用加强。

L.S.作为一种类肝素类的多糖大分子，其作用机理可能与其他多糖的降脂抗凝作用有联系。例如它与脂蛋白复合，能使脂蛋白酯酶从毛细血管中游离，引起甘油三酯、类脂、脂蛋白的异化作用加强；又如由于其多聚阳离子的特性，可灭活多种损伤血管的活性物质，以减少血小板在已损血管的黏附和聚积，避免刺激动脉壁，减轻平滑肌细胞的增生。

我国很早就能自行提取L.S.。1978年，我国的广东汕头制药厂、青岛海洋大学、青岛医学科研所等单位，从我国沿海的铜藻中提取褐藻淀粉。将褐藻淀粉中含有的 B-D吡喃葡萄糖多聚化合物硫酸化后，即能得到L.S.。

总之，L.S.作为一种抗动脉粥样硬化药物，通过其降脂、抗凝、降低循环血免疫复合物等特性，确有疗效。同时，由于L.S.不良反应甚少，不失为一种有前途、值得进一步探究的药物。

▲ L.S.可以从海藻中提取

鲎试剂的妙用

鲎是一种古老的海洋动物

"鲎"是什么东西？相信很多人见到这个字就已经晕了。鲎，是一种很古老的动物，比恐龙出现早得多，差不多和三叶虫同时出现。鲎又名马蹄蟹，但是它跟蟹没有一点关系，倒是跟蜘蛛有亲缘关系。

作为医用和药用价值都很高的物种，鲎自然会被不法分子看在眼里。他们为了经济利益大肆捕杀鲎，将其血抽干后再把肉卖给餐馆。这严重影响了鲎的生存。一只鲎要15年时间才能成年，医学工作者在采鲎血时非常注意保护生态平衡，因为一只鲎被抽掉1/3的血仍能存活。对沿海鲎资源进行分段开发利用，完全可以让鲎轮流献血，生生不息。

鲎是一种远在古生代寒武纪就已经出现的海洋动物。任凭岁月流逝、沧桑变迁，同时代的生物或进化或灭亡，只有鲎的形态和结构没有大的变化，顽强地活到了今天。因此，鲎被称为地球的"活化石"。

鲎有四只眼睛。头胸甲前端有0.5毫米的两只小眼睛，小眼睛对紫外光最敏感，说明这对眼睛只用来感知亮度。在鲎的头胸甲两侧有一对大复眼，每只眼睛是由若干个小眼睛组成。鲎在光线不好的情况下，鲎眼能用突出边眶的办法，以增加所视目标的清晰度。前文提过，人们根据鲎眼这种特殊构造的原理，制成了水下摄像机，能在微弱的光线下，拍摄出清晰度较高的画面。

鲎的血液中含有0.28%的铜元素，因此它的血液呈蓝色；同时，鲎的血液中还有一种变形细胞。经研究发现，含有这种变形细胞的血液一旦接触到细菌，就会很快凝固。人们根据这种特性，用鲎血制成了鲎试剂，它能快速、灵敏地检测人体内或药物、食物是否被细菌感染过。

▲ 鲎有四只眼睛

鲎试剂的妙用

鲎为暖水性的底栖节肢动物，栖息于20~60米水深的砂质底浅海区，喜潜砂穴居，只露出尾剑。它的食性广，以动物为主，经常以底栖和埋木本的小型甲壳动物、小型软体动物、环节动物、星虫、海豆芽等为食，有时也吃一些有机碎屑。中国鲎在中国福建沿海从4月下旬至8月底均可繁殖。自立夏至处暑进入产卵盛期。大潮时多数雄鲎抱住雌鲎成对爬到沙滩上挖穴产卵。

之后，鲎试剂就被广泛应用于生物学、医学研究、药学及环境卫生学中的痕量内毒素的检测。对鲎的研究，已日益引起世界各国生物学家的浓厚兴趣。

鲎试剂，就是鲎的血液中变形细胞的溶解物。它是采用无菌的方法提取鲎的血液，经离心分离血球和血浆，去掉血浆，然后用低渗法使血细胞破裂，最终添加辅助剂而得。这种鲎变形细胞溶解物（鲎试剂）遇到内毒素能迅速形成凝胶。

在使用鲎试剂检测时，在待检物中加入一定量的鲎试剂，根据其是否会产生凝胶，来判断待检药物中是否存在内毒素。这一检测方式应用在临床检验上，可对病人的内毒素进行检查，并能很快得出结果。以前靠细菌培养鉴别法检验，要花几天工夫，有时会耽误治疗；而使用鲎试剂，只需两个小时即可得出结果。

鲎试剂还可用来检查药物中的热源。目前，药典规定是用兔来检查热源，这种方法操作繁琐，花费时间长。若用鲎试剂检查热源，不仅方法简单，节约时间（1个小时便可得到结果，常规方法则需2~3天时间），而且灵敏度要比常规方法高出10倍左右。可以说，鲎试剂检查热源，在抗生素生产中将起到重要的作用。

鲎试剂不仅具有灵敏、快速、简便的特点，而且经济效益和重复性都很好。美国食品与药品管理局于1978年将鲎试剂列为许可生产剂的生物制品。美国的航天部门还将利用这种试剂在火星上寻找细菌生命。

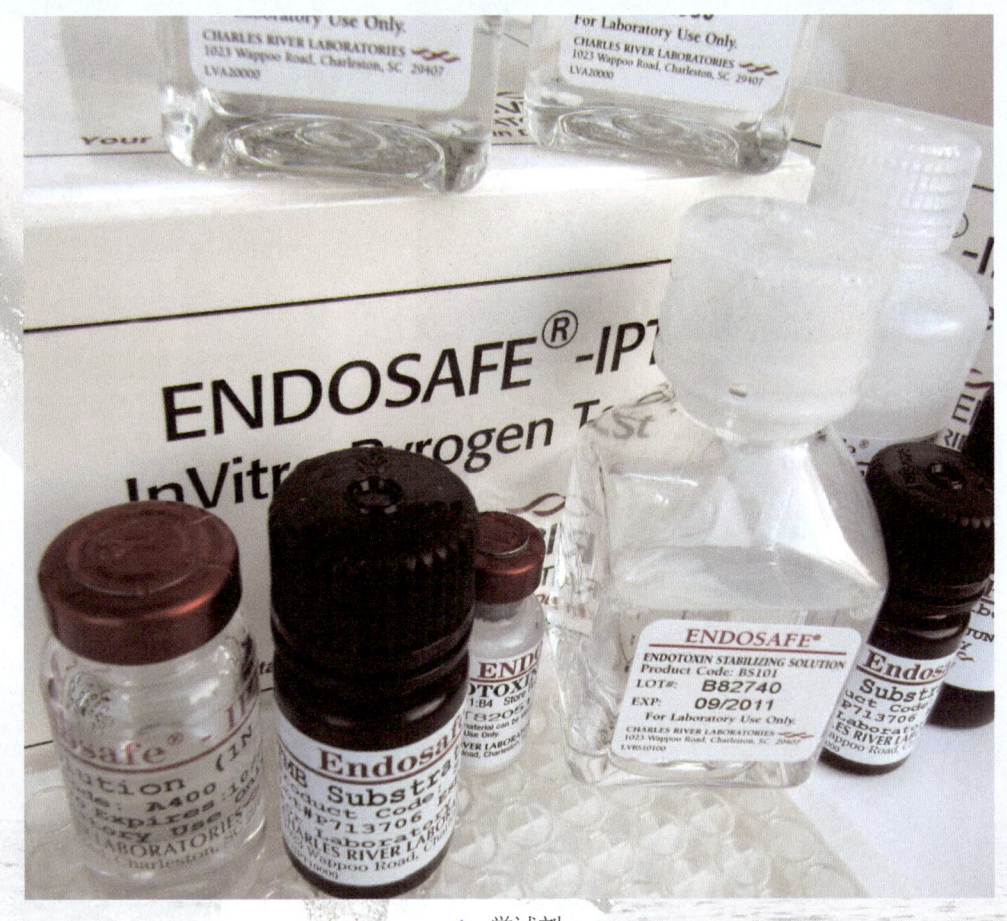

▲ 鲎试剂

海中抗癌勇士

草苔虫和海鞘是分别属于不同门类的海洋生物。近几年的研究发现，它们的代谢物中存在一些特殊的物质，具有特异的生物活性，对许多种肿瘤具有抑制作用，由此引起了广大科学家的研究兴趣。

草苔虫

草苔虫是海洋底栖动物的重要组成种类，一直是底栖鱼类、软体动物等所喜食的饵料。1968年，美国亚利桑那州立大学的佩地，在对海洋无脊椎动物的广泛开拓性研究中，首次发现了总合草苔虫（草苔虫的一种，比较常见）的抗癌活性。

经十多年的艰苦研究，1982年，以日本人釜野德明为中心的研究小组，从采集于加利福尼亚海域的总合草苔虫中，成功分离到第一个具有抗癌活性

第三篇 海洋生物资源

的单体,并用X射线衍射法确定它的结构为大环内酯类化合物。从此,该小组一直致力于这方面的研究,到1997年时,已从中得到18个活性单体。其中Bryostatin1和Bryostatin4经美国国立癌症研究院生物鉴定,已投入临床试验,是极有希望的新型抗癌药物。

近年研究表明,Bryostatin既有抗肿瘤活性,又有促进造血活性。此种双重作

▼ 海鞘

海中抗癌勇士

由于目前抗癌药物十分昂贵，世界各国的医药学家正致力于从天然产物中寻找抗癌药物。1987年，科学家从太平洋裂腊藻中，提取出一种大分子量的酸多糖，可抑制人类免疫缺陷病者（英文缩写为HIV）的逆转录酶，且对其他病毒也有抑制作用，是病毒逆转录酶的特异性抑制剂。1988年，科学家从深水海绵中分离出一种五环芳香生物碱，具有效果明显的抗HIV作用。1989年从人工培养的鞘细藻和纤细席藻的细胞提取物中，分离出一组含磺酸的糖脂，此种糖脂可抑制HIV的复制。

用，具有相当重要的临床价值。在化疗药物中，迄今尚无具有此双重性的药物。显然，它能大大降低化疗给人带来的毒副作用。

对Bryostatin的深入研究，不仅有助于阐明某些生物学的基本理论，而且可望开发出一种具有双重作用的化疗药物。在临床治疗上，对患癌症而又处于骨髓衰竭状态的患者的治疗，几乎是束手无策的，而对Bryostatin的深入研究，可望为这些患者带来一线生机。

海鞘是一种尾索动物，喜欢生活在风平浪静、海水通畅的环境中。近年来，在海鞘代谢物中发现了许多结构新颖、活性独特的化合物——生物碱，成为海洋天然产物化学研究的又一热点。

1992年，科学家从采自太平洋的海鞘中，发现了吡咯并吡嗪酮类化合物，它对人体表皮癌细胞有抑制作用。

1993年，科学家从澳大利亚海鞘中，发现了四环生物碱；从地中海海鞘中分离出稠合五环芳香生物碱；从采自斐济的海鞘中分离出了几种新的吡啶并吖啶类生物碱。这些化合物对人体结肠癌细胞的增殖有抑制作用。

对海鞘的研究还在继续，大量具有抗肿瘤、抗菌、抗病毒、抗炎及酶抑制活性的化合物已被发现。提取物是否有生物活性的研究，已作为研究工作的重点内容之一。

同时,海鞘代谢产物的生物来源,也是一个令人感兴趣的问题。气候、水域、共生藻等条件的不同,往往对海鞘代谢物的成分产生影响。研究海鞘化学将是一个有广阔前景的领域。

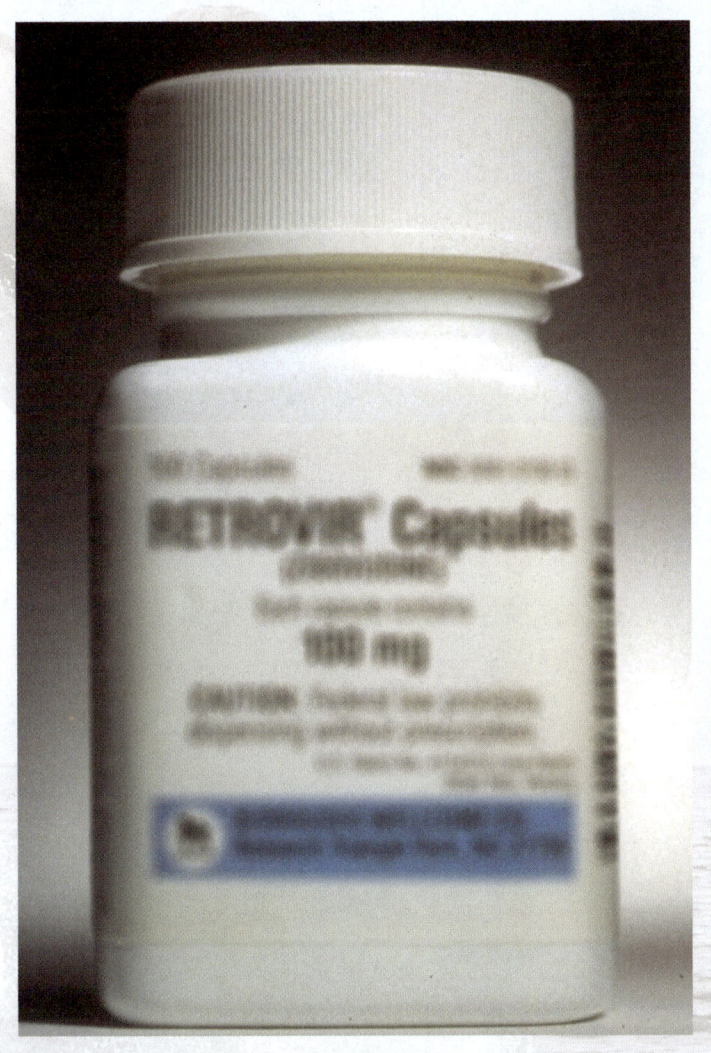

▲ 齐多夫定仅能改善患者的临床症状

用途广泛的海藻植物

海洋奥秘——高科技与海洋

藻类植物种类繁多，目前已知有三万种左右。藻类植物的存在对地球生态平衡起着重要的作用。它们还是工业的重要原料，在农业方面可以改良土壤等。藻类植物还能作为食品。可谓用途十分广泛。

海带是最常见的褐藻

据计算，在一个池塘里，3000平方米的藻类每年可提供100万桶石油，相当于1万辆汽车各行驶15万千米所消耗的燃料。这一鼓舞人心的消息，给面临能源枯竭的人类带来了新的希望。

海洋里，褐藻的种类繁多，常见的有海带、裙带菜、鼠尾藻、羊栖菜、铜藻等。它们在工业、食品和医药方面都占有重要地位。

如将热碱水加入褐藻中，就可提取褐藻胶，再经过一系列工序，就能制成褐藻胶代血浆。前些年，我国一些制药厂已进行褐藻胶代血浆生产。国内又称这种代血浆为低聚褐藻酸钠注射液。我国有的医院，在抢救伤员时也曾用过这种代血浆。

经临床试用表明，褐藻胶代血浆具有不在体内积蓄、不影响内脏器官、对循环系统有充实作用和加快体内毒素排出的优点。这种代血浆的升压效果明显，能防止血液浓缩并能加速组织胺的排除。

第三篇　海洋生物资源

红藻，在海洋生物中被认为是最美丽的生物之一。其色彩各异，有红色的、紫色的、褐色的和绿色的，将海底世界打扮得丰富多彩。

红藻含有叶绿素，它能够进行光合作用。在许多红藻中，如石枝藻，既含有碳酸钙，又含有丰富的镁、蛋白质及纤维素。从这类海藻中，能够提取大量的琼胶。

▲ 红藻

用途广泛的海藻植物

藻类植物对环境条件要求不高，适应环境能力强，可以在营养贫乏，光照强度微弱的环境中生长。在地震、火山爆发、洪水泛滥后形成的新鲜无机质上，它们是最先的居住者，是新生活区的先锋植物之一，有些海藻可以在100米深的海底生活，有些藻类能在零下数十摄氏度的南北极或终年积雪的高山上生活，有些蓝藻能在高达85℃的温泉中生活，有的藻类能与真菌共生，形成共生复合体。

琼胶在食品加工、化妆品、制药等领域有着非常重要的应用。琼胶在食品工业方面，得到了广泛的应用，主要用来生产果酱、乳脂、肉膏、水果汁等配料。在制作冷食中，只要加进0.2%的琼胶，即可阻止牛奶结块，阻止水果糖变沙。琼脂在食品工业中起胶化剂和稳定剂的作用。

藻类植物在海洋中不断生长，又不断地死去。有一种特殊的细菌先是在藻类上生长，再慢慢形成石油物质。在漫长的地质过程中，这种特殊细菌分解生物体内的有机质，并使之最后演变成了石油，深埋在海底。

在这种石油形成的过程中，起着关键作用的是细菌，科学家们设想，如果能培养出这种特殊的细菌，石油不就可以种植出来了吗？

加拿大的一个实验小组通过大量试验，果真培养出了这种特殊的细菌，并将其放在一些生长很快的藻类身上。石油演变的漫长过程，就这样被科学家们缩短了，竟由几个星期代替了几百万年的漫长岁月。

美国提出了用巨藻制造甲烷的设想。他们采用的办法是，先在养殖厂里种植含有那种特殊细菌的巨藻，收割后，通过陆地上的某种装置由细菌分解成甲烷。

美国的维尔柯克斯博士是一位独具慧眼的

科学家。他在美国海军的支持下,在太平洋圣克利门蒂岛近海12米以下的阳光充足的水中,建立了世界上第一个海洋能源农场,种植了加利福尼亚巨藻。

维尔柯克斯说:"不需要什么先进的技术,只要把巨藻剁碎就能生产出甲烷。"目前,人们都肯定了维尔柯克斯的功绩,并清楚地认识到,从巨藻中生产石油,无论是从技术上还是从经济上说,都是人类从海洋中获取油、气资源的一个好途径。

▲ 利用海藻提取生物燃料

什么是深海生物基因资源

海洋奥秘——高科技与海洋

牡蛎

法国科幻作家凡尔纳在他的小说《海底两万里》中，给我们展现了一幅奇妙的深海世界的画卷，有海底墓地、珊瑚谷、巨型章鱼……这些都是作者的想象。但深海世界确实不是一个死气沉沉的世界，相反，在这个压力巨大、暗无天日的环境里，依然热闹非凡。

深海生物指生活在大洋带以下的生物。通常包括水深200米以下的全部水域，终年黑暗、阳光完全不能透入、盐度高、压力大、水温低而恒定，水生植物不能生长，动物种类和数量非常稀少，且大多属碎屑性动物，只有少量肉食性动物，数量随海水深度增加而

早在人类深海下潜的探险过程中，科学家就发现，在深达1万多米的马里亚纳海沟也有生物存在。如今，对深海生物基因资源的开发，已被国际社会提上了议事日程。

研究表明，生活在大洋深处的生物，物种丰富，功能各异，处于独特的物理、化学和生态环境中。在海洋深处的压力、温度和光照条件下，形成了极为独特的生物结构和代谢机制，它们的体内产生了特殊的生物活性物质。

第三篇　海洋生物资源

　　其实，这些特殊的生物活性物质，如嗜碱、耐压、嗜热、嗜冷、抗毒的各种极端酶等，是深海生物资源中最有应用价值的部分，是科学研究的精髓所在。

　　美国科学家对深海热泉附近区域古细菌的基因结构，进行了深入的研究。几经探索，他们从古细菌分离出高温聚合酶PCR，并已成为畅销品，在世界上得到极为广泛的应用。

不断减少。主要有棘皮动物海参、海胆、海百合、海星，甲壳动物虾、蟹和深海鱼类。

▲ 海胆

什么是深海生物基因资源

在生命科学的研究中,科学家发现一种叫DHA的物质,控制着大脑的生长发育和衰老,被人们称为"脑黄金"。研究发现,鱼类尤其是深海鱼的头和眼中,竟含有高达40%～70%的DHA。

食用深海鱼,可以补充人体的DHA。现在,许多人都在想方设法增加自己的"脑黄金"。但是,DHA在高温条件下极易氧化。因此,为了将这种深海生物资源转化为可直接利用的资源,目前国内外的科学家都纷纷与厂商合作,借助先进的现代基因工程技术,从深海冷水鱼的脑中提取宝贵的"脑黄金",并将其制成商品出售。

海洋生物牡蛎,被人们誉为"海洋牛奶",利用基因工程技术,可从中提取"金牡蛎"。"金牡蛎"具有较好的增强免疫力和机体保健的功效,是国内外市场上被广泛看好的保健药物。目前,"金牡蛎"的市场利润率已经达到40%以上,前景光明。

另外,科学家还提出,利用深海生物来提取海底的金属也是可能的。现在,科学家的设想正在变为现实。

总之,深海生物基因资源的利用形式,不仅在于可以使基因序列本身通过基因菌直接工厂化生产,而且可利用所获取的基因对普通功能物质进行改造,从而使普通功能物质也具备特殊功能。

然而,当前这些特殊的生产还处于小规模、低

DHA除了能从这些深海鱼的身上提炼而来,还能从其他的途径获得吗?母乳中就富含DHA,母亲乳汁中DHA的含量取决于其三餐的食物结构。日本的母亲吃鱼较多,乳汁中DHA含量高达22%,居全球第一。鱼类的DHA含量也很高。还有干果类,如核桃、杏仁、花生、芝麻等。其中所含的α-亚麻酸可在人体内转化成DHA。

第三篇　海洋生物资源

产量水平。不过，可以预期，利用基因工程技术这个最有效的生产手段，深海生物基因资源将会得到大规模的开发。

▼ 海　星

吃石油的海洋细菌

2010年5月5日，墨西哥湾发生原油泄漏事故，海上原油带长200千米，宽100千米，并持续了数月。挪威的一个石油公司许诺提供除油剂和设备，并派遣人员。伊朗将向美国提供打减压井，防止原油继续泄漏的技术。尽管多方配合，原油还是未能很快除去，那我们还能有其他的办法吗？

2010年5月，墨西哥湾发生原油泄漏事故

1987年7月7日，美国科学家在处理"艾克森·瓦尔代兹"号油轮溢油事故中，利用"吃"石油的微生物去清除被油污染的海滩，取得了可喜的效果。在清污工作中，人们使用了特别培养的"吃"油微生物，去清除卵石海滩上的原油，再撒上

科学家做过一个对比试验：在一只烧瓶中放入"罗阿古"菌株、石油、水和其他一些化学物质；而另外一只瓶中则不放"罗阿古"菌株。几个小时后，有"罗阿古"菌株的烧瓶的溶液清澈见底，毫无油迹；而另外一瓶中的溶液依旧，溶液表面浮着一层黏黏的石油。

是的，就是这种叫"罗阿古"的菌株起了降解石油的作用。

海洋奥秘——高科技与海洋

第三篇 海洋生物资源

在海洋中有70个属两百多种能氧化石油成分的微生物。它们既有细菌,也有酵母菌和真菌。研究证明,在含有一定量柴油和石蜡油的海水中,如果加入两种"吃"油细菌,30天内能将石油"吃"掉90%。另培养剂,几天后,这片卵石海滩明显比其他地方干净多了。

▼ 清理墨西哥湾泄漏的原油将是艰巨的工作

吃石油的海洋细菌

NY3 细菌

在墨西哥湾石油泄漏事件的解决过程中，中美学者共同研究发现了一种"吃"油细菌——NY3。实验表明，NY3能够在石油烃上生长，并且在水体中能够快速降解石油烃同时产生表面活性剂。这一被命名为NY3的细菌最初是从陕北石油污染环境中分离筛选出来的。

外，一种叫美小克银汉霉菌的微生物，在含有0.2%原油的海水中，用5天时间能"吃"掉93%以上的原油。在自然条件下，微生物"吃"油的能力可达到每天每立方米100~960毫克。

那么这些微生物清洁师是怎么通过"吃"油来清洁海洋的呢？

原来，这些微生物吸取石油中的碳作为自己的繁殖养料，然后再使石油降解氧化掉，其中1/3的石油被微生物"吃"进了"肚子"，变成了它自己的细胞成分，2/3变成了二氧化碳和水。但是，这些"吃"石油的微生物必须要在有氧的环境中才能生存并发挥作用。在一年一度的鱼类繁殖期和浮游生物繁殖期，也是海洋生态最脆弱的时期，"吃"油微生物就很难"吃"油了。

为了攻克这一难题，也为了寻找更多种类的"吃"油微生物，科学家对自然界里的微生物进行分离、培养和繁殖。"罗阿古"就是被选拔出来的一种繁殖很快的微生物，其"吃"油能力也非同寻常。

到目前为止，利用微生物清除海洋石油污染仍处于试验研究阶段，但在不久的将来，利用生物技术清除海洋中的石油污染将是最有效的方法之一。"吃"石油微生物，将会成为海洋最有效率的清洁师。

第三篇 海洋生物资源

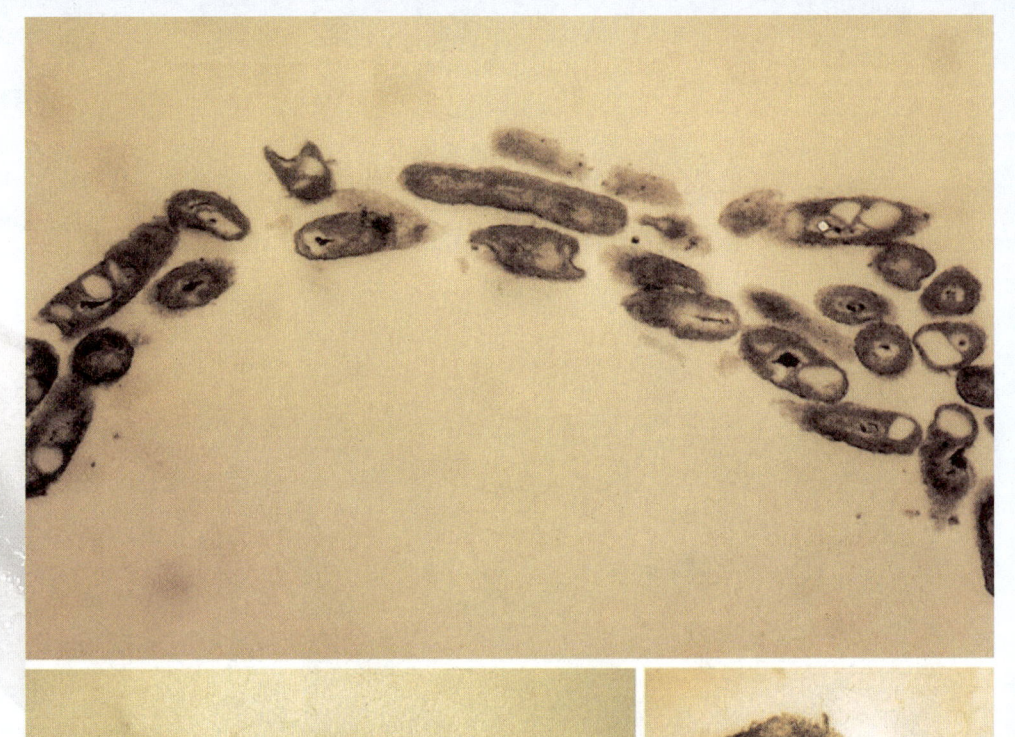

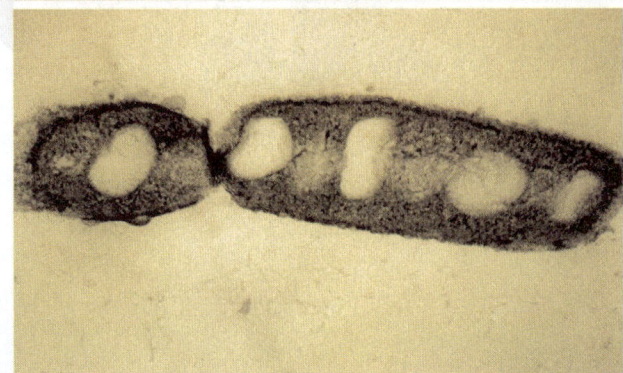

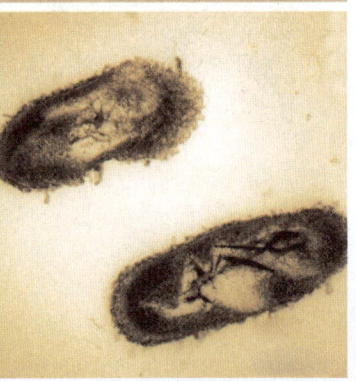

▲ 能够"吃"石油的微生物

"蓝色农业"畅想曲

海洋奥秘——高科技与海洋

当人口越来越多，资源越来越少的时候；当生产越来越发展，营养越来越需要的时候；当房子越来越多，可耕种土地越来越少的时候，我们该到哪里去获得我们需要的资源？所以，向海洋进军吧！占地球大部分面积的海洋也许会为我们提供更多的可能性。

在深海海域"圈养"金枪鱼

什么是"绿色农业"？

绿色农业是在2003年河南省长垣县召开的有机农业与绿色食品市场通道建设的国际会议上由刘连馥会长提出的，是指充分运用先进科学技术、先进工业装备和先进管理理念，以促进农产品安全、生态安全、资源安全和

"蓝色农业"当然不能按照字面的意思来理解，它不是指种植蓝色农作物的农业，但是它和绿色农业也有一定的相通之处，那么到底什么是"蓝色农业"呢？

所谓的"蓝色农业"，往宽里说，是以浩瀚的蓝色海洋与广阔的滩涂为对象，发展和经营包括农、林、牧、副、渔在内的海洋大农业；从现有水平看，是指在人为控制下的海洋与滩涂上，栽培、养殖和

第三篇　海洋生物资源

增殖海洋生物，及对海洋生物资源的加工与综合利用。在浩瀚的海洋与广阔的滩涂上，开展生物资源的增养殖和深加工，正在形成和必将形成潜力巨大的21世纪的"蓝色农业"。

随着科学技术的发展，我们逐渐步入海洋时代，海洋产品在我们食物结构中的比例也不断变大。而海洋生物技术作为高技术领域，在海洋水产

提高农业综合经济效益的协调统一为目标，以倡导农产品标准化为手段，推动人类社会和经济全面、协调、可持续发展的农业发展模式。其最大的特点在于环保性和可持续性。

▲ 巨大的海洋养殖网笼

125

"蓝色农业"畅想曲

什么是"白色农业"？

白色农业是与蓝色农业、绿色农业同时提出的新型农业发展模式。微生物资源产业化的工业型新农业，其科学基础是"微生物学"，技术主体是"生物工程"，它包括高科技生物工程的"发酵工程"和"酶工程"。由于技术人员在工作时都要穿白色衣服，所以被形象地称为"白色农业"。

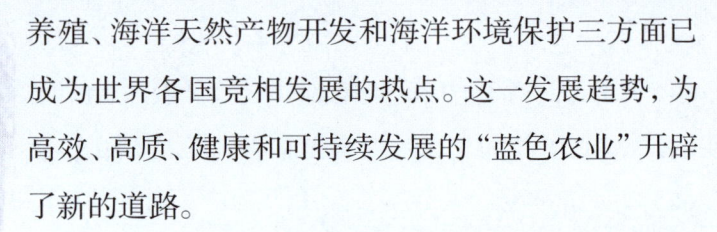

养殖、海洋天然产物开发和海洋环境保护三方面已成为世界各国竞相发展的热点。这一发展趋势，为高效、高质、健康和可持续发展的"蓝色农业"开辟了新的道路。

那么，为什么说发展"蓝色农业"对我国特别重要呢？

首先，我国拥有丰富的海洋资源，在土地资源日益紧张的情况下，海洋农业将成为我国农业的重要依托。其次，发展海洋农业将带动一系列产业的发展，特别是沿海岸带地区的经济发展，创造出更多的就业岗位，缓解就业压力。随着海洋农业的发展，其他一些海洋产业也会有序地开展起来。

和发展绿色农业一样，蓝色农业要真正奏起畅想曲也要坚持可持续发展的原则，改变以捕捞生产为主的方式，形成以增养殖为主的方式。我们要充分利用大自然给我们的恩赐，但也不能全部依靠自然。我们必须对自然界给予适当的改造，使海洋的生产能够帮助陆地农业。以陆地农业从古到今的变革为榜样，相信在海洋里，也同样可以摆脱以捕捞鱼、虾为主的活动，从事以养殖、栽培为主的活动。这样，海洋就真的成了人类的农场。

早在1977年，我国著名的海洋生物学家曾呈奎就提出"海洋水产生产必须走农牧化的道路"，海洋农牧化成了千百万海洋人为之努力奋斗的目标。到

第三篇　海洋生物资源

1997年，我国的水产生产已跃居世界首位，并实现了"以养为主，养捕并举"的发展方针。

与过去相比，我们显然取得了巨大进步；与未来的需求相比，任重而道远。科学家们在不断更新养殖品种，不断调整"农业"结构，保护载体水质。总有一天，"蓝色农业"会奏起畅想曲。

▲ 网箱养殖水产品

在蓝色的田野上

海洋奥秘——高科技与海洋

海藻经过加工可制作成饲料

海洋里生长着1万多种藻类植物。即使取一滴水放在显微镜下观察，也会发现这滴水里有着形形色色、千姿百态的生命，有的如箱，有的似锤，有的披甲，有的带角。这些小生命在一滴水的空间里，组成了一个奇妙的藻类世界。

法国在近海农场的开发和海藻养殖场的建设方面颇有成效，坐落在法国布列塔尼岛沿岸的海藻养殖场，是欧洲最大的养殖场，面积达6万平方米。1992年，法国又在北部海普勒比扬外海，建立了一个种植海藻的农场。

在海洋这片广阔的田野上，数量最多的粮食大概就是庞大的藻类家族了。藻类含有丰富的营养，不仅含有许多蛋白质、脂肪和碳水化合物，而且还含有二十多种维生素，其中维生素B_{12}还是一般植物所没有的，因此藻类被称为"来自海洋的粮食"。

那么，要怎样才能将藻类转化为可以食用的"粮食"呢？

1970年，英国人发明了一种新机器，可把藻类加工成一种含蛋白质丰富的浓缩食品。这种机器通过粉碎海藻获得榨取液，然后凝结榨取液再用过滤提纯的方式来提取蛋白质。这样析出后的蛋白质外观像乳酪且可以直接食用。

第三篇 海洋生物资源

在波罗的海沿岸的许多国家中，人们每年都把数千吨海藻直接用做牲畜的饲料，或是作为生产饲料和肥料的原料，间接地变成了人类的食物。在沙地上用海藻做肥料，还可以使植物增强对初春霜的抵抗能力，获得高产。

在美国，人们甚至还通过养殖海藻来获得更大的实用价值，"海洋食物和能量农场计划"的海藻养殖计划，每年可产巨藻3400万吨，既可以用其生产6亿立方米甲烷，又可以生产食物。

的确，海藻的种植并不是一件难事。这种浅海农场的庄稼，只要稍加科学管理，就可大幅度地增殖和提高产量，并能像陆地上一样实现机械化的播种与收割。海藻的收割可以用海底收割机来实现，收割机将成熟的海藻像收割小麦似的吞进自己的

▲ 海藻经过加工可制成营养丰富的食品

129

在蓝色的田野上

海洋奥秘——高科技与海洋

海藻酸钠是一种从海藻中提取的典型物质，又名褐藻酸钠，是一种广泛应用于食品、医药、纺织、印染、造纸、日用化工等产品的多糖碳水化合物。它具有多种作用，可减缓脂肪糖和胆盐的吸收，降低胆固醇、血糖等，被人们称为"长寿食品"。

"肚子"里，并通过一条长长的管道输送到水面双体加工船上。船上的综合加工厂将传送来的海藻进行系统的分选，加工成富含蛋白质、淀粉、维生素等各种营养丰富的人类食品，如绿海藻色拉、绿色牛排、海藻饮料等。

在这种近海农场形成的同时，科学家又将目光瞄准了远洋深海农场的"开垦"。未来大型的海洋农场，面积可达几十平方千米或几百平方千米。它一般由多个单元的小农场组合而成，每个小农场约为几平方千米。农场的中央是一个动力定位的"中央生产平台"，上面设有太阳能发电厂、海藻综合加工厂和"农民"居住区等。平台的边缘，伸出许多个吊拉着尼龙绳索的呈辐射状的杆架，作为

种植巨藻的"床架",由吊索将其设置在水深15~30米处,再由波浪动力推动的海水提升泵,将深层富含养分的海水提升出来,作为巨藻生长的营养来源。

这样,近海农场和远洋深海农场都成为了"海粮"生长的天堂。

▼ 海藻养殖场

海洋牧场，集鱼有方

在海洋中养殖海藻、贝类、虾、蟹这些以浮游为主或活动区域不大的海洋生物并不难。可是，养殖鱼就是两回事了。有些鱼在一生中要进行全程达几万千米的产卵、索饵、越冬洄游。人类很难限制鱼类在大海里的活动。那么，人类能否像陆地上的草原牧场、森林牧场那样，对海洋中的鱼类进行"放牧"呢？

真鲷鱼

鱼为什么会游向鱼礁？

鱼和人类一样有着很多的本能，例如逃避、生殖、索食、模仿等。有一种观点认为鱼之所以会游向鱼礁是因为鱼本身喜欢在阴影地带滞留的本性。而另外的观点认为鱼礁改变了水流的流向，使水流在这里形成上升流，同时带来了鱼。

1974年，日本的"牧民"在喂鱼时，使沉入海水中的喇叭发出特定的音响，真鲷鱼就会应声而来，云集于声源周围，共享主人给予的美食。

1983年，日本的能津纯治将经过训练的真鲷鱼放入自己的海洋牧场，再按时播放钢琴乐曲和击鼓。这样，1000米以内的真鲷鱼都赶回来吃食。这一试验的成功，为进一步扩大海洋牧场的范围，将来围捕长大了的真鲷鱼群打下了基础。

1987年，日本产业机械工业协会资助能津纯治，建立了世界上第一个现代化的海洋牧场。在水

第三篇　海洋生物资源

深20米左右的牧场中心，设置了两座"声控喂养饲料浮标"。同时，在海底设置了28座适宜鱼类居住的轻量钢筋混凝土鱼礁，面积达52000平方米。牧场中放养着真鲷鱼、鹦嘴鱼等。声控喂料浮标每天发出特定的声波，呼唤鱼儿就餐，音响波的范围达2000平方米。

除了日本采用声控的方式"放牧"海洋中的鱼外，其他国家也做了很多另外的尝试，例如电栅栏、

▼ 安置人工鱼礁

海洋牧场，集鱼有方

人工鱼礁的分类

人工鱼礁有很多种类，按照材料和形状的不同通常分为三种：第一种是增殖鱼礁，常投放于浅海领域；第二种是渔获鱼礁，常投放于洄游通道；第三种是游钓鱼礁，常投放于海滨领域供人们垂钓。

气泡幕、激光脉冲等，无论是哪一种方式，都是对发展海洋牧场的有益探索。

海洋牧场究竟有着怎样的魅力呢？

海洋牧场是指在一个特定的海域里，有计划地培育和管理渔业资源而设置的人工渔场，有一整套系统化的渔业设施和管理体制，是遵循自然规律建立起来的，又能满足人类意愿的鱼类王国。海洋牧场的发展离不开技术的支持，海洋牧场化技术，包括海洋生物技术、机电一体化技术、新材料技术、信息技术及资源管理技术等，同时，还应包括增加海水丰度、水质监测、鱼群控制、人工鱼礁等工程技术。

海洋牧场的建立是发展海洋渔业的重要步骤，而另一种方式就是发展人工鱼礁集鱼。

所谓的人工鱼礁，一般是指水深在100米以内的沿岸海底设置的、具有一定形状的混凝土胶状体或其他物体。这种人造鱼礁，阳光能够透入，有利于生物繁殖生长，能促使鱼类聚集和增殖鱼类资源。人工鱼礁有各种不同的形式，使用各种不同的材料，目前已知的有混凝土坯鱼礁、轮胎鱼礁、钢制鱼礁、塑料鱼礁等。

目前世界上投放鱼礁最多的国家是日本。我国的台湾最先于1974年开始尝试人工鱼礁集鱼，

海洋奥秘——高科技与海洋

134

第三篇　海洋生物资源

1979年广西进行了人工鱼礁的研究和投放并于1980年扩大规模，1981年国家水科院正式开始全国范围内人工鱼礁的研究和试验，到目前为止我国已有浙江、天津、福建、海南、江苏等多个省份进行了人工鱼礁集鱼。

▲ 鱼总是喜欢聚集在鱼礁附近

海洋资源的可持续利用

海洋奥秘——高科技与海洋

海洋资源的开发和利用仍有难度

尽管海洋占地球表面积的大部分，并且拥有广大的空间、丰富的资源和可供开发的潜能，但是海洋资源和陆地资源一样，也会有穷尽的一天。"2012"或许不会到来，但是它的确给我们敲响了警钟。

世界海洋日

世界海洋日的概念，首次于1992年由加拿大在里约热内卢举办的地球高峰会议上提出。起初联合国大会将每年的7月18日定为世界海洋日，2009年联合国将首个世界海洋日的主题确定为"我们的海洋，我们的责任"，并将其日期调整到6月8日，旨在提醒个人和团体保护和管理海洋资源。

当你静静地站在海边，聆听着海浪拍打海岸的声音，眺望远处海面泛起的波光时，你一定会被一望无际的大海所折服，不只是因为其广博，更因为它蕴含的无限能量让人感到生命的美好。

然而海洋强大的外表下也隐藏着它的脆弱，海洋资源并不是取之不尽、用之不竭的。

海洋资源包括海洋水资源、海洋矿产资源、海洋油气资源、海洋药物资源等，但是由于海水的盐度较高，它并不能直接当做淡水资源来利用，而海洋矿产资源和油气资源虽然蕴藏量丰富，但开发却很有难度，要利用海洋药物资源更是困难重重，所

第三篇　海洋生物资源

以从这个角度来看，海洋资源并不是如我们想像中的那么丰富和可利用。

更糟糕的是，近年来，随着工业的发展，对海洋的开发力度逐渐加大，同时也给海洋带来了更大的污染。海洋生态系统本来是最为稳定的系统，现在却也频频发出反抗的声音。例如2008年在波罗的海地区爆发的蓝藻灾害。

因此，对海洋资源的可持续利用逐渐被人们提上日程。

海洋资源的可持续利用是指在开发海洋资源、发展海洋经济的同时更要注意对海洋资源的保护，

▲ 蓝藻爆发

海洋资源的可持续利用

浒苔和蓝藻有什么区别?

浒苔和蓝藻都属于藻类,不同的是,浒苔属于大型藻,它的出现并不能说明水质问题,相反它只能在清洁水质中生长,对水质和人体都没有毒;而蓝藻属于微型藻,蓝藻不一定是蓝色的,也有红色的,蓝藻的大规模爆发成为绿潮,容易引发水质的进一步恶化并且产生毒素。

▶ 保护海洋是我们的责任

科学合理地开发海洋资源,提高海洋资源开发的水平和综合效益,加强海洋管理和保护,形成科学合理的海洋开发保护体系。

对海洋资源的可持续利用要达到四个目标:首先,要实现海洋资源开发的高科技化,提高资源利用的效率;其次,要做到有区别有计划地开发海洋资源,对一些可再生资源在维护其自身的恢复能力的基础上,可以尽可能多地利用,而对于不可再生资源则应有计划地适度开发;再次,也要优化配置海洋资源,做到海陆一体化结合;第四,要做到保护和利用并重。

注重对海洋资源的可持续开发,这一资源宝库才真正可能为人类造福。

第四篇
海洋空间资源

海底隧道与海底居住室

海洋奥秘——高科技与海洋

在我们的童年记忆里，总会有一些关于海底城堡的画面，那里的王子和公主有着浪漫的爱情故事。我们对于海底世界的美好憧憬就从这样的童话故事开始，然后慢慢变成了现实。随着科技和认识的发展，海底世界不再仅仅是遥不可及的童话，我们，可以身临其境。

列车从不同方向驶入英吉利海峡海底隧道

海底信息网

海底信息网包括海底电缆网和海底光缆网。海底光缆系统同电报电缆、同轴电缆系统相比，具有频带宽、损耗低、不受干扰、重量轻、直径小等优点。同卫星通信相比较而言，海底光缆通信的稳定性、抗干扰性和保密性更强，质量更高，通信容量也更大。

海底隧道

开凿海底隧道，天堑变通途，是人们开发海洋空间的杰出代表作。海底隧道既不占地，又不碍航；既不受天气制约，又不影响生态环境；既加快了运输速度，又提高了运输量，可谓一种最安全、最便捷的全天候通道。

目前海底隧道的典型工程主要有三个：横亘在英国和法国之间的英吉利海峡，是大西洋通往北海的要冲，是世界上最繁忙的海上要道之一。修建英吉利海峡海底隧道的设想，早在1751年

140

第四篇　海洋空间资源

时就由一位法国的地理学家提出来了。历经三个世纪的努力，终于在1987年正式全面动工。经过7年的紧张施工，1994年英吉利海峡海底隧道竣工通车。

　　日本的青函隧道，于1988年3月建成通车，全长53.85千米，是日本贯穿南北的大动脉，高速火车仅需13分钟即能通过隧道。现在，从青森到函馆只需50分钟，以前的轮渡则需4小时。青函隧道集隧道工程技术之大成，尤其是在水泥灌注技术方面的成就，是世界隧道开掘史上的首创。

▲ 日本青函隧道

海底隧道与海底居住室

中国的香港海底隧道由中、东、西三线组成，港九中线海底隧道1972年建成，全长1.9千米，包括一条四车道、日流量12万次的汽车隧道和一条地铁隧道；港九东线隧道，1989年建成，全长.8千米，日通过汽车9万车次；西线隧道，1997年4月建成，六车道，日车流量可达18万次。

海底居住室

1962年9月6日，世界上第一位水下居住室"海中人"，在法国里维埃拉附近海域60米深处试验成功。一名潜水员在那里生活了26小时。随后的9月14日，法国的"大陆架"1号海底居住室被沉放到马赛港附近10米深的海底，两名潜水员在居住室里生活了七天之久。

1970年7月1日，美国的"依格尔"海底居住室在夏威夷马卡依海洋试验场进行试验，它被沉放到离岸3.7千米、159米深的海底，五名潜水员在那里居住了五天后返回水面。

海底居住室的工作人员呼吸的是氦、氧混合气，因此他们潜水时必须穿着暖和的潜水服。否则，呼吸混合气体会使体内热量大量消耗，继而出现肌肉颤抖、呼吸微弱、举止失常等现象。

海底居住室的"居民"，食用的食品是

海底隧道的建造

海底隧道的开凿，使用巨型掘岩钻机，从两端同时掘进。每掘进数十厘米，立即加工隧道内壁，一气呵成。为保证两端掘进走向的正确，采用激光导向。在海底地质复杂，无法这样掘进的情况下，就采用预制钢筋水泥隧道，沉埋固定在海底的方法。

第四篇　海洋空间资源

陆地上人们很难吃到的特制食品，是按比例配制好的含有高热量、营养丰富的干冻、速冻食物，便于贮存。为了使海底居住室连续正常地工作，人们利用水面浮标不断地供给水下居住室电能、气体（氦、氮、氧和空气）、水、食品及其他必需品。

▼ 香港海底隧道入口之一

围海造陆与港口建设

海洋奥秘——高科技与海洋

陆地占地球面积的29.2%，海洋占地球面积的70.8%，这是常识。但是会不会有一天这两个数据对调，地球上大部分是陆地了呢？有可能。围海造陆就是一种扩大陆地面积的方式，虽然目前对它的使用还存在很多的争议，但是它的确拥有很好的发展前景。

新加坡港

围海造陆

围海造陆是人们利用海洋空间资源的方式之一，但是目前针对围海造陆到底是好是坏的问题，还是存在很大争议。有人认为，围海造陆可以更加充分地利用海洋的空间资源，弥补陆地土地资源的不足，增加经济效益；也有人意识到不合理的围海造陆会破坏海洋生态系统，污染海洋环境，不符合可持续发展战略。因此，如何应对围海造陆会出现的问题，对于我们来说更加重要。

围海造陆可能会出现的问题有：

1. 引发赤潮和洪水。例如1994年华南地区的

第四篇　海洋空间资源

特大洪水，原因之一就是围海造陆导致入海河道阻塞，使水流不能顺利下泄。

2. 破坏沿海地区的生物多样性和大批的红树林。红树林具有加速成陆过程、净化海化、预防赤潮、清新空气、绿化环境等多种功能，还可为鱼类、无脊椎动物和鸟类提供栖息、摄食和繁育场所，但是近几十年来，大批红树林被毁，严重破坏沿海地带的生态系统。

3. 改变沿海景观。例如北海由于填海建港，填海造地导致岸线缩短，湾体缩小，人工海岸比例增高，浅滩消失，海岸的天然程度降低，损害了生物的生态环境，随之而来的是海洋渔获量减少，物种也

港口的分类

港口按照不同的标准可以分为不同的类型：按地理位置可以分为河港、海港和河口港；按服务作用可以分为商港、军港、避风港、渔港、工业港等；按运输货物贸易方式可以分为对外开放港和非对外开放港；按功能可以分为客运港、货运港和综合港。

▲ 荷兰鹿特丹港被称为"欧洲门户"

145

围海造陆与港口建设

减少很多。

目前，围海造陆最成功的当属荷兰了，荷兰本身国土面积小，其很大一部分的土地都是靠围海造陆获得的，但是当地的生态系统也得到了很好的保护。

港口建设

在全球化趋势日益凸显的今天，各国之间的贸易往来也越加频繁，于是港口的建设变得格外重要。

荷兰作为欧洲的发达国家之一，拥有世界上最大的海港——鹿特丹。鹿特丹是连接欧、美、亚、非、澳五大洲的重要港口，素有"欧洲门户"之称，它是一个港口，同时也是一座城市。鹿特丹位于欧洲莱茵河与马斯河汇合处，距北海约25千米，有新水道与北海相连。港区水域深广，内河航船可通行无阻，外港深水码头可停泊巨型货轮和超级油轮。

其次是新加坡港，新加坡港于2002年和2004年都被评为亚洲最佳海港。它的成功首先得益于它优越的地理位置。新加坡通过两条堤道与马来西亚相连，与印度尼西亚群岛只有一水之隔，临近著名的马六甲海峡，是东南亚的门户、

世界著名的港口城市有哪些？

日本横滨，位于本州中部东京湾西岸，是日本最大海港；印度孟买，是印度最大海港和第二大工业城市；巴基斯坦卡拉奇港，是巴基斯坦最大的城市和港口；也门亚丁，是也门最大港口城市，位于阿拉伯半岛西南端，是红海通往印度洋的要冲。

世界的十字路口。新加坡港还是目前世界上货运量第一、集装箱量第二的港口。

而港口数量最多的海港则要属中国香港了,就像它的名字一样,香港在最初的时候就是一个"港",是一个典型的由港口发展而来的城市。香港的航运业一直非常发达,而近几年香港港口由于收费较高,发展受到影响。解决这一问题的最好办法就是加强港口建设,与内陆港口合作。对于香港来说,扩大港口规模便意味着要围海造陆,所以实现与内陆海港的对接便显得尤为重要。

▼ 香港拥有众多海港

"海市蜃楼"梦想成真

海洋奥秘——高科技与海洋

在1881年,法国作家罗维达就在其小说《21世纪》中,描述了在太平洋上兴建大陆的理想。今天,随着现代科技的发展和人类对海洋认识的加深,人类已经迈出了这一步。可以试想这样的一种生活:我们住在"海洋城堡"里,闲暇之余就去海底旅游。

日本神户的人工岛城市

"玫瑰岛共和国",它不仅是一个人工岛,而且是一个短命的微型"国家",它于1967年由一个叫乔治·罗纳的意大利设计师投资建造并且自认国王,它位于亚得里亚海上的一个人造平台,距离意大利里米尼海岸11千米。但是它建成后很快就遭到意大利政府的反对,后被意大利政府炸毁。

在日本神户有一座人工岛城市,那里有中心公园、居民住宅、工厂、宾馆饭店、海港码头、医院诊所及俱乐部等各种建筑。这座城市通过神户大桥与陆地连接,神户大桥为三跨拱结构,桥宽14米,无人驾驶的全自动电车每天就经过大桥来往于神户和海上城市之间。

这就是海上人工岛城市。

所谓海上人工岛城市,就是在人工筑起的海岛上建造起来的城市。人工岛是人工建造而非自然形成的岛屿,一般在小岛和暗礁基础上建造,是

148

填海造田的一种，主要类型有围海式、桩基式、浮体式、自升式等几种。现在的人工岛大多因填海而成，然而，也有一些是通过运河的建造分割出来的（如迪特马尔申县），或者因为流域泛滥，小丘顶部被水分隔，形成人工岛（如巴洛科罗拉多岛）。此外，一些甚至会以石油平台的方式建造（如"西兰公国"和"玫瑰岛共和国"）。

目前世界上拥有人工岛城市数量最多的国家是日本，而迪拜拥有全球最大的人工岛群，另外典型的人工岛群还有美国的爱丽丝岛、加拿大的圣母岛

▲ 迪拜拥有全球最大的人工岛群

"海市蜃楼"梦想成真

海洋奥秘——高科技与海洋

海底天文台

海底天文台的建设源于科学家对"中微子"的注意,中微子是宇宙空间中一种典型的粒子,但是它变幻莫测难以捕获,而巨大无比的海洋水体能够阻挡来自宇宙空间的其他粒子,接收具有强大穿透力的中微子。于是,天文学家"将计就计",设计建造了第一座海底天文台——特玛姆特天文台。用海底天文台来捕获中微子,通过解读其携带的宇宙信息,就可了解更多、更复杂的宇宙奥秘。

以及中国珠澳口岸人工岛等。

发展海上城市是大势所趋,以后的"海市蜃楼"将不再是虚幻的了。不只是这样,我们不仅可以住在建在海上的城市中,还可以到海底去旅游,充分感受海洋的魅力。

20世纪90年代初,法国提出了一项海底旅游设施建设计划。他们准备在马赛海湾内修建一座海底公园,新设计的海底电车安装在海底公园内,让人们乘车参观美丽的海底世界。电车舱内还备有可口的小吃和精彩的文娱节目,使人们一边观看舱外景色,一边享受美味佳肴。

1994年,法国的圣皮埃尔海湾公司推出了一项海底公墓的旅游业,这些长眠在水下50～100米处的沉船残骸,如今却成了加勒比海最美丽壮观的海底公墓。

在迪斯尼乐园的海底观光点,当旅游者乘坐蓝

色的"海中客车"通过巨大的丙烯树脂玻璃窗口时，就能看到奇妙无比的珊瑚礁和各类水族动物。

而现在，这些都已经不再是奇闻了，"海底世界"公园已经成为人们的常去地，而在2010年，迪拜更是建成了一家豪华的海底酒店。

无论是海上城市还是海底世界，都以其独特的魅力吸引着人们的目光，让人们回归自然，享受自然带给我们的无限可能。

▼ 过去的沉船残骸如今成了旅游景点

海上机场与海上工厂

海洋奥秘——高科技与海洋

香港国际机场

有人说"海洋时代争夺的不是陆地，而是海洋"，海上城市的发展正好说明了这一点，而很快海上城市便不能完全满足人们的需要，于是海上机场、海上工厂也"相约而至"。如果有一天你看到海平面上升起一架飞机，那么你也无需惊讶了。

海上机场

随着现代航空事业的发展，人们对机场的需求越来越大，可是，一座大型国际机场的占地面积，足以建一座几万人口的小城市，这对土地资源不足的国家来说，就有些心有余而力不足了，于是海上机场便应运而生。

海上机场的优点在于建设成本较低，并且可以顺利地将噪声和废气转移到海上，而海洋上空阻碍较少，又确保了起降时的安全性。

目前海上机场的建设主要有填海式、柱基式、浮体式等几种模式，最常见的是填海式，典型的有

第四篇 海洋空间资源

日本的长崎海上机场，采用1.5千米远处的箕岛上的土石填海而成。此外还有斯里兰卡的科伦坡机场，新加坡的樟宜国际机场，中国的香港新机场、澳门国际机场，美国的夏威夷国际机场等均是采用填海造地的方式修建的。

桩基式机场也叫栈桥式机场，以美国纽约的拉爪迪机场为代表，这种机场用钢柱做桥墩，然后在桥墩上修筑机场平面。

稳定性最强的要属浮体结构的海上机场了，这种全新方式的海上机场，整个平台犹如一艘巨型航空母舰的壳体。在其远岸一侧，构筑有防波堤，以减缓涌浪对浮体结构的冲击；近岸一侧的系留固定装置兼作防波堤之用；水下部分采用电防蚀技术，镀有耐腐蚀的钛合金，使得机场的使用寿命可达百年以上。

避免电蚀最常用的一个方法叫牺牲阳极法，其逻辑原理是：假定你正用镍溶液电镀一件铝制品。如果那件铝材制件有缺陷的话，比如坑，就会有一种可能性：电镀过程中，溶液或水分子将会留在要处理的制件缺陷内。水分子最终将成为生成电池所需的电解液。铝材的惰性比镍材差，所以在电镀过程中被用于防腐和延长制件的使用寿命，但实际中却加快了腐蚀、缩短了制件的寿命。解决方法是使用牺牲阳极法。而在本处采用的是用惰性金属充当保护膜。

▲ 澳门国际机场

海上机场与海上工厂

海上风力发电厂也是海上工厂的一员，它是利用海上风力资源发电的新型发电厂。在石油资源形势日益严峻的情况下，各国均将眼光投向了风力资源丰富的海域，欧洲多个国家已建立了多个海上风力发电厂而且规模巨大。中国也逐渐涉足海上风力发电领域，上海的海上风力发电厂已于2010年启用，而香港欲建全球最大的海上风力发电厂。

海上工厂

和海上机场一样，海上工厂的建造方式也有填海式、桩基式和浮体结构式三种。

巴西在亚马孙河入海口处，组装了世界上第一座浮体式造纸厂——巴伐利亚造纸厂。这个工厂的全部"厂房"建筑，是由两艘230米长的平底船组成的。其中一艘安装发电机组，提供电源动力；另一艘船上是纸浆自动生产线，能年产26万吨优质纸浆。

聪明的新加坡人利用废弃的远洋货轮改装成一个浮体奶牛场，更具特色的是，新加坡的海水淡化工厂，是一座多功能浮体式的淡化工厂。

美国在夏威夷采用船形平台的设计，建成了一座海水温差发电厂。另外，美国还在新泽西州近海建立起马蹄形防波堤，在堤内漂浮的两艘大型平底船上，建起了原子能发电厂。而与我国隔海相望的日本，则在海上建起了垃圾处理厂。

种种的例子表明，海上工厂将是未来一大发展趋势。

◀ 海上风力发电机

海洋奥秘——高科技与海洋

154